U0351272

产业链视角下的
电子废弃物回收治理研究

彭本红　谷晓芬/著

国家自然科学基金项目(71263040)
江苏高校优势学科建设工程资助项目(PAPD)　　　　　资助出版
上海电子废弃物资源化产学研合作开发中心开放基金(2014-A-04)

科 学 出 版 社

北 京

内 容 简 介

本书针对我国电子废弃物回收处理现状,通过对相关文献进行解读,从而发掘出我国电子废弃物回收处理中存在的问题。首先,以扎根理论和多案例分析为工具,对电子废弃物产业链回收协同治理的主要影响因素进行探讨;其次,利用演化博弈和系统动力学,对电子废弃物回收主体行为进行仿真分析;然后,基于社会资本理论和结构方程模型对电子废弃物回收治理进行实证分析,并对回收过程中的风险进行分析和评估;再次,以实例为背景对电子废弃物回收的合谋行为进行探讨;最后,从行动者网络的视角分析电子废弃物行动主体之间的沟通、征召、协作等社会互动行为来协同解决电子废弃物的治理问题,并从多个层面提出治理措施。

本书适合从事物流工程与供应链管理、电子废弃物管理、网络治理、风险管理等方面研究的高校和科研机构的广大师生,以及企业技术和管理部门的相关人员阅读、参考。

图书在版编目(CIP)数据

产业链视角下的电子废弃物回收治理研究 / 彭本红,谷晓芬著. —北京:科学出版社,2016.12
 ISBN 978-7-03-050694-8

 Ⅰ. ①产… Ⅱ. ①彭… ②谷… Ⅲ. ①电子产品-废物综合利用-产业链-研究-中国 Ⅳ. ①X760.5

中国版本图书馆 CIP 数据核字(2016)第 271350 号

责任编辑:魏如萍 / 责任校对:杜子昂
责任印制:张 伟 / 封面设计:无极书装

科学出版社出版
北京东黄城根北街 16 号
邮政编码:100717
http://www.sciencep.com

北京东华虎彩印刷有限公司 印刷
科学出版社发行 各地新华书店经销
*

2016 年 12 月第 一 版 开本:720×1000 1/16
2018 年 1 月第二次印刷 印张:10 1/4
字数:200 000

定价:64.00 元
(如有印装质量问题,我社负责调换)

前　　言

　　在信息化的大时代背景下，科学技术及现代工业飞速发展，大量废弃电子电器产品随之产生，带来了严重的环境污染和资源浪费问题。目前，我国正面临着电子废弃物回收市场无序、消费者环保意识缺乏、相关企业积极性不高等窘境。与此同时，全球电子废弃物的回收处理已经形成了一个比较完整的产业链，发达国家以各种手段将电子垃圾倾倒入发展中国家，中国正日益沦为全球最大的电子垃圾场。面对内外夹击的双重困境，如何对电子废弃物产业链回收进行有效治理，从而提升电子废弃物的回收处理水平和效率成为当务之急。

　　针对现阶段我国电子废弃物回收处理领域面临的问题，需要对整个电子废弃物产业链回收进行俯视，整体探究和把控产生这些问题的原因，并根据电子废弃物产业链回收治理的影响因素及其演化规律，分析回收风险、治理模式和机制，提出对策建议。本书主要内容如下。

　　(1) 从静态角度出发，基于扎根理论，选取四个典型的电子废弃物回收处理企业进行多案例研究，得到电子废弃物产业链回收协同治理的主要影响因素，构建电子废弃物产业链回收协同治理影响因素的理论模型，并运用社会网络分析方法研究不同影响因素的重要程度及相互之间的关联关系。至此，从微观上熟知影响电子废弃物产业链回收协同治理的主要因素、影响因素的地位及影响的关系路径。

　　(2) 从动态角度出发，基于演化博弈理论，提取三个主要利益相关者进行演化博弈分析，并对三方演化博弈过程进行仿真，得出三方演化均衡状态，通过对模拟过程的分析，确定三方在系统演化过程中所扮演的角色及推动演化的主要驱动力。至此，从中观上掌握电子废弃物产业链回收协同治理过程中不同主体的作用及采取的最优决策。

　　(3) 以社会资本理论为基础，在分析产业链的基础上，分析出我国电子废弃物产业链回收治理需要市场机制、政策机制和社会机制的共同作用，只有采用多种机制才能更好地推动电子废弃物产业链回收的发展。因此，提出电子废弃物产业链回收治理的三种方式：政府主导型、企业主导型和利益相关者共同治理型。至此，从宏观上总结电子废弃物产业链回收协同治理的主要模式及其适用的阶段。

　　(4) 立足于电子废弃物回收的业务外包风险，通过故障树模型将风险直观化，然后将其映射成对应的贝叶斯网络，对动态和静态的风险大小进行评估，快速辨别出风险大小；然后利用灵敏度分析定位出最容易发生外包风险的因素，并借助 HAZOP-LOPA 对重点风险进行动态风险控制，利用 Bow_tie 模型进行全面风险控制。

(5) 为了解决各个利益集团在政府政策补贴的电子废弃物回收工程下合谋骗补问题，以社会网络分析法为基础，并立足于"以旧换新"项目实施过程，收集典型合谋案例，利用 UCINET 软件进行合谋网络分析。最后通过整体网络、中心性和凝聚子群这三个测度指标来透视合谋网络特点，并对比分析合谋前网络特点。

(6) 借鉴食物链模型构造契合电子废弃物回收特性的产业链回收模型，运用行动者网络理论，将电子废弃物产业链回收的各行为主体抽象化为网络模型中的客观实体，将电子废弃物产业链回收的"人类"和"非人"因素纳入整个分析网络，通过行动者主体之间的沟通、征召、协作等社会互动行为来共同解决电子废弃物的治理问题，从横向、纵向两个维度提出电子废弃物产业链回收的治理措施。

在以上研究的基础上，本书从政府、产业、企业和公众(消费者)四个方面提出相应的治理建议，以期形成较为完整的协同策略体系，研究成果可为我国政府及电子废弃物产业链回收上的其他利益相关者提供决策建议和方法支持。

彭本红　谷晓芬

2016 年 10 月 15 日

目　　录

第1章 绪 论

本书研究的主要内容是电子废弃物产业链回收协同治理的机制。本章概述研究背景、目的及意义，同时对相关文献进行系统性的分析与评述，从总体上介绍本书研究的内容、技术路线及可能的创新之处。

1.1 研究背景与意义

1.1.1 研究背景及目的

目前我国电子信息产业发展迅猛，电子电器应用面非常广泛，产品种类丰富，产量非常庞大。与此同时，电子信息技术的迅速发展也导致产品更新换代频繁，由此产生的电子废弃物(e-waste)或废弃电器电子产品(waste electronic & electrical equipment，WEEE)也快速增长。

从国内来看，早在2012年，电子垃圾处理行业报告就指出，我国的电子废弃物数量已达1110万吨，占全球总量的22.7%，已经是世界上最大的电子垃圾生产国。电子废弃物具有两面性，一方面，电子废弃物中含有大量的重金属及对人体和自然环境有害的成分，另一方面，电子废弃物又具有高价值性，这就使得如何通过合理方式平衡电子废弃物的双重性成为人类社会面临的重大难题。《中共中央关于制定国民经济和社会发展第十三个五年规划的建议》提出，"要坚持绿色富国、绿色惠民，推动形成绿色发展方式和生活方式，协同推进人民富裕、国家富强、中国美丽"，并着重提出要推动低碳发展。循环经济把资源综合利用、生态设计、清洁生产、可持续消费和废物再资源化等融为一体，运用生态学规律对人类的经济活动进行指导。因此，发展循环经济，就要求工业经济活动进行生态化转型。

从国际来看，2009年全球电子废弃物为5000多万吨，预计到2020年发展中国家电子废弃物的产量将达到2007年的5倍。在全球，电子废弃物的回收处理已经形成一个比较完整的产业链，即发达国家以各种手段将电子垃圾倾倒入发展中国家，在此情境下，中国正日渐沦为全球最大的电子垃圾场。为应对电子废弃物回收的紧迫形势，2014年年底，环境保护部(以下简称环保部)、工业和信息化部(以下简称工信部)联合印发了《废弃电器电子产品规范拆解处理作业及生产管理指南(2015年版)》，在如何完善电子废弃物处理基金补贴、规范企业生产作业和提高环境管理水平等方面给予较详细的指导。2015 年两会前夕，中国民主促进会提交了《关于推动并规范我国电子垃圾处理的提案》，该提案指出我国电子垃圾回收欠缺制度设计、缺乏科学回收体系，导致了灰色回收处理链的兴盛。电子废弃物拆解行业正面临"地下产业链"生意红火，正规绿色拆解企业"无米下锅"的局面，政府和企业必须通力合作，共同打造生产商、零售商、处理商、消费者及政府良性互动的具有生态特性的电子废弃物产业链回收。

生态产业链（eco-industrial chain）以恢复和扩大自然资源存量、提高资源基本生产率和满足社会需要为目的，根据自然生态系统的物质循环，通过设计或改造，对区域范围内两种以上的产业进行连接，构建从原材料到废弃物回收处理的工业生产链，促进了经济和环境的和谐发展，可以实现经济效益、环境效益和社会效益的多方共赢。生态产业链是可持续发展的重大体现，包括中国在内的很多国家都已经把产业生态学运用到工业的实践中。这表明充分理解生态产业链对电子废弃物产业链回收的研究具有重要的启示作用。生态产业链是一个包括企业、政府、科研机构、金融机构、环保组织和公众在内的众多利益相关者组成的复杂系统。在生态产业链中，这些利益相关者应该是利益密切相关，能够有效互动的利益共同体关系。然而，现有的生态产业链单纯强调上下游企业间的共生关系，未形成良好的利益共同体关系，利益相关者的关系及角色定位未能理顺，目标存在差异，矛盾冲突不断，极易导致生态产业链出现链接波动、链接停滞甚至链条断裂等现象，造成系统低效率运行及环境污染与破坏，因此迫切需要有效治理。

公司治理是基于产权关系的治理，一般产业链的治理是基于竞合关系的治理，而生态产业链治理是区别于以上两种治理方式的基于利益相关者良性互动的新型治理。同生态产业链类似，电子废弃物产业链回收也是区别于一般产业的具有半公益性质的，需要兼顾经济、环境和社会等多方效益的产业系统。面对这一复杂、特殊的产业链类型，我们不禁要思考：影响电子废弃物产业链回收治理的因素有哪些？在这些影响因素中哪些因素是要重点关注的？产业链中各个利益相关者的策略选择是如何演化的？如何选择最适宜的治理模式？如何保障治理机制的有效运行？科学回答这些问题是保障电子废弃物产业链回收稳定运行的关键，也是当前亟待解决的重要科学问题。本书将通过电子废弃物产业链回收协同治理机制的研究对上述问题——做出解答。

1.1.2 研究意义

理论意义：本书将企业管理领域的治理理论、利益相关者理论拓展到电子废弃物产业链回收领域。一方面，改变传统的单企业治理弊端，从产业链这一中观层面统筹治理；另一方面，突破生态产业链中以副产品交换和能量梯级利用为特征的工业共生关系，以良性互动和合作共赢为特征的利益共同体关系为抓手，从利益相关者角度进行治理。本书提出包括影响机理、演化机理及治理机制在内的电子废弃物产业链回收治理理论，既完善了产业链回收理论体系，又丰富了治理理论和利益相关者理论思想。同时，也为电子废弃物回收处理提供了重要的理论基础。

实践价值：生态产业链是生态产业系统的核心和关键部分，支撑着生态产业系统的整体运作。用生态学的方法、手段对电子废弃物产业链回收进行良性治理，是保证产业链回收和整个生态产业系统稳定性和可持续性的关键所在。本书基于利益相关者理论，提出适合产业链回收的治理机制和有效的政策体系，有利于平衡利益相关者的责权利关系，保障产业链回收健康发展，为我国构建完善的电子废弃物回收体系提供依据，在促进企业和资源再生产业的发展、保护生态环境、节约能源和推动我国走可持续发展道路等方面起到一定的促进作用。

1.2 国内外研究现状

从现有研究来看，目前对电子废弃物回收的相关研究主要集中在以下几个方面：电子废弃物的概念性描述及回收处理现状、回收处理技术研究、相关法律法规研究、电子废弃物回收供应链模式研究及回收体系研究等。研究方法多采用循环经济、逆向物流、复杂系统、博弈论、产业生态学等理论，结合问卷调查法、案例研究等方法来诠释和分析电子废弃物产业链回收。

1.2.1 概念及回收处理现状

电子废弃物又称电子垃圾，很多场合下可以简单理解为废旧家电和废旧电子产品的统称，如各种废旧电脑、通信设备、电视机、洗衣机、电冰箱及一些企事业单位淘汰的精密电子仪器仪表等都属于电子废弃物。相对于一般的废弃物或者垃圾，电子废弃物具有明显的两重性，表现为其具有资源性与高价值性、污染性与强危害性、难处理性及高增长性。

Lu 等（2015）指出，中国是世界上最大的电子产品制造和消费国，产生大量电子垃圾不可避免，回收处理不当对环境和人类健康造成了严重的不良影响，为此，中央和地方政府制定新法规，鼓励企业合作以提高中国电子废弃物管理水平。Sthiannopkao（2012）调查了各国处理电子废弃物的做法，发达国家有公约、指令和法律来规范电子废弃物的处置，大多数是基于生产商责任制的扩展；而在发展中国家，电子废弃物的增长比发达国家更快，预示着非正式处理部门的持续扩张，虽然非正式处理部门是廉价和高效的，但也是危险重重的。除此之外，很多学者遵循"现状—问题—对策"的思路对我国电子废弃物的回收处理进行了定性研究。我国电子废弃物主要来源于国内和国外两个方面。虽然《巴塞尔公约》规定禁止电子废弃物非法由一国转入另一国，但发达国家仍以各种手段将电子废弃物倾倒入发展中国家，给发展中国家带来严重的环境污染危害，因此我国当务之急是果断采取措施全力阻止国外电子垃圾大量涌入。我国电子废弃物的去处分为个体收购者和具有一定规模的企业，但是正规的回收处理企业很少。目前我国电子废弃物回收处理尚未自成体系，执行力度有限，除了在回收、储存和处理上存在较为重大的安全隐患，在管理及处理方式上也存在政策与法规不完善、技术研发能力缺乏、资源意识淡薄等问题，学者们主要从法律政策、产业技术、公众参与等层面提出对策建议，包括加强政府干预、完善立法、研发便于回收的电子材料、加强双边和多边国际交流合作及积极订立有关协定等建议。

1.2.2　回收及处理技术

电子废弃物来源广泛，含有 60 多种元素，其中金含量可高达 10 千克/吨，贵金属价值占电子废弃物总价值的比例高达 70%，具有极高的回收价值，但是电子废弃物又具有非均相和非金属伴生的复杂结构，使贵金属回收遭遇严重瓶颈。因此，产业内外工作者都在不断探索新的回收处理技术，为电子废弃物回收和处理行业产业化发展提供技术保障。很多学者对现有的回收处理技术进行了较为详尽的比较。

机械处理技术是电子废弃物的预处理方法，包括拆解分离、破碎分选等方法，现已实现经济高效地分离金属与非金属，不会造成二次污染，是当今也是将来最有潜力的方法之一。Bientinesi 和 Petarca (2009) 等对溴化物的处理方法都为火法冶金处理技术的改进提供了有价值的借鉴意义。湿法冶金是一种化学的方法，属于中期处理阶段和后期处理阶段，有成本低、处理方法灵活等优势，但是湿法冶金因浸出剂，尤其是氰化物的大量使用而不断引起环境事故，因此该方法将研究重点集中在实现全元素清洁高效回收和制备高性能材料上。生物冶金法，一般是指在处理后期利用微生物细胞或其代谢产物来吸附金属离子，这种方法工艺简单、对环境污染小、成本低，是一个很有前景的方向，但是目前只停留在实验室研究，尚无工业应用案例，还需进一步的研究与发展。周蕾和许振明（2012）综述了我国主要电子废弃物回收的新工艺进展，并大力倡导使用具有较大发展优势并且符合我国国情的机械物理法。

1.2.3 法律法规研究

要保证电子废弃物被顺利回收和合理利用，健全的电子废弃物回收处理法律法规和完善的政府政策不可或缺。目前该方面的研究集中在国内和国外的比较研究上。梁迎修(2014)指出我国在法律法规的制定上可以借鉴许多发达国家和地区的经验，它们的电子废弃物治理水平在国际上都居于领先地位。例如，1996年德国出台《循环经济和废弃物管理法》，在该管理法中，以资源闭路循环为特征的循环经济思想被推广到所有生产部门，生产者也被要求必须对产品的整个生命周期承担环保责任。2001年日本正式实施《家用电器回收法》，对家电生产商、零售商及消费者的权责做了明确的规定。2005年欧盟实施《关于废弃电子电器设备指令》(WEEE指令)，规定生产商、进口商和经销商要负责回收、处理进入欧盟市场的电子废弃物，被称为"全球最严厉的环保法令"，为了贯彻指令，许多国家采用了生产者责任延伸(extended producer responsibility，EPR)制度，包括德国、芬兰、葡萄牙和日本，生产者责任延伸制度的目标是源头减少、废弃物预防、设计更环保的产品及通过物质循环的封闭促进可持续发展。德国在同年颁布了《电子废弃物法》，使延伸生产者责任与物质循环原则得到了更全面的贯彻，让生产者和公共废物管理机构共同承担电子废弃物管理责任，并且明确了生产者要达到的回收利用和再循环目标。

白婷婷(2013)对我国电子废弃物法律制度的完善过程进行了系统性梳理，介绍了我国从1990年至今与电子废弃物回收处理相关的法律法规及其配套规章，并指出，我国现行法律制度存在多渠道回收制度尚不规范、政府监管缺位、责任承担制度不完善等缺陷。Wang等(2010)指出，中国在最近几年见证了电子废弃物的快速增长，但尚未使用适当的行政监督建立相应的回收和处理系统，不过在颁布法律法规上取得的进步是值得肯定的。Nnorom和Osibanjo(2008)在分析发展中国家电子废弃物回收处理现状的基础上指出，要保证电子废弃物回收处理的合理高效运行，政府态度的转变是关键。姚凌兰等(2012)肯定了我国"以旧换新"政策的积极作用，但认为该政策依然存在生产者责任缺失、完全依赖国家财政支持等不足。方伟成(2011)指出，目前我国相关的法律法规具有以下弊端：规范和法律忽视实践性指导、缺乏系统性、法律责任模糊、难以真正落实到利益相关者的行动中，应明确各方责任与义务以防止彼此推诿，并提出日本、德国及中国台湾的电子废弃物法律法规较为完备，值得借鉴。

1.2.4 回收供应链模式

很多学者从逆向物流的角度研究电子废弃物回收供应链的模式。逆向物流的概念最早由Lambert和Stock于1981年提出，Dowlatshahi(2000)指出逆向物流的整体观是一个有利可图的和持续经营战略的关键，2004 年 Steve 完善了逆向物流的概括。逆向物流一般指产品或原材料从消费者或使用者返回到上游企业或供应部门，并包含对返回物品的再利用、再处理、再销售的整个过程。相应地，电子废弃物逆向物流一般是指已使用过的电子产品从消费者流向生产者的过程，目前电子废弃物的逆向物流普遍采用独立经营(生产商回收)、联合经营和第三方经营三种方式。田亚明和项玉卿(2010)通过综合分析逆向物流三大典型回收模式各自的弊端，结合我国当前客观情况，认为联合负责经营模式，即需要政府、生产商、消费者及专业回收处理机构共同支持建立的电子废弃物逆向物流体系，是现阶段中国最为可行的模式。张峰和刘枚莲(2012)应用博弈理论讨论了逆向物流的利润分配问题，结果表明，如果第三方和生产者都想获得各自最大利润，那么采取联合回收模式是最佳选择，并且指出各利益相关方的利润分配并不是影响回收模式选择的唯一因素，企业的管理因素同样重要。王道平和夏秀芹(2011)则认为第三方物流具有不可取代的优势。曾佑新和李强(2015)构建了基于物联网的电子废弃物逆向物流系统，通过成本收益模型分析得出这样的结论，即运用物联网技术的企业的电子废弃物逆向物流效益高于普通电子废弃物回收企业。张砚(2014)将电子废弃物回收模式分为政府主导型、生产者回收、生产者联盟回收三种模式，并对欧盟的联合机制、韩国废弃物再利用责任制、日本的消费者付费模式等国外的电子废弃物回收模式进行评析。

Spicer 和 Johnson(2004)通过定性比较的方法探讨了生产者责任延伸制度下不同回收模式的优缺点，认为生产企业应该选择第三方负责回收模式。Savaskan 等(2004)的研究结果则表明由更接近消费者的零售商负责回收会使再制造闭环供应链的效率更高。Hagelüken 和 Corti(2010)认为在"开环"结构中"生产者责任"很难实现，可以通过租赁、支付存款等新的商业模式，把开放的结构变为闭环系统，并认为收集阶段是回收链最薄弱的环节。Zoeteman 等(2010)把全球电子废弃物回收分为四个阶段：当地倾倒、出口倾倒、全球开环低水平回收和区域闭环高水平回收，实证表明第四阶段可以实现经济效益和生态效益双赢，并需要行业采取主动以及政府创造有利条件。Ayvaz 等(2015)指出，在电子废弃物回收过程中，企业面临来自利益相关者和政府法规的压力，需要回收与每年产出电子产品对应比重的电子废弃物，因此，在实践中，尤其是在电子废弃物的质量和成本等因素不确定的情况下，创造一个可持续发展的逆向物流网络成为一个根本性问题。他们提出一个通用的逆向物流网络设计模型，并用土耳其的一家电子废弃物回收企业的案例进行验证，结果表明，开发的两阶段随机规划模型可以在数量、质量和运输成本不确定条件下进行有效决策，并提供可接受的解决方案。

1.2.5　回收处理体系研究

电子废弃物在循环利用过程中会涉及生产者、销售者、消费者、回收者及最终的处理者等众多关系复杂的主体，在整个系统中，缺乏任何一方的配合与协作都会对电子废弃物的循环利用造成重大影响。要解决目前我国电子废弃物引起的一系列问题，必须构建适合当前国情的电子废弃物回收体系。大多数发达国家电子废弃物的回收管理系统核心是基于生产者责任延伸制度，张科静和魏珊珊（2008）认为基于生产者责任延伸体系的电子废弃物回收处理网络可以分为框架层、核心层和影响层三个层次，如图 1-1 所示，并指出一个有效的废弃物回收处理体系需要兼顾各个利益相关者的经济、社会、环境等方面的利益。

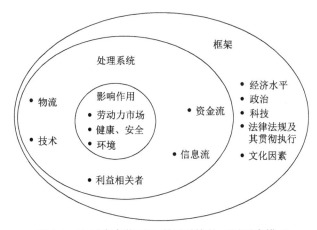

图 1-1　电子废弃物再生利用系统的三层因素模型

李春发等（2014）对电子废弃物网络回收处理中各利益主体承担的责任进行逐一分析，并结合具体案例提出各利益主体在今后发展中的角色定位与利益协调策略，指出厘清利益相关者结构关系是进行回收系统协调和治理的核心。国内外不少学者对电子废弃物回收管理体系中利益相关者的相互关系进行了研究。王兆华和尹建华（2008）运用 Logistic 回归模型系统揭示了家电企业的回收行为特征，结果表明回收制度及法规、消费者要求回收的意愿、管理者的环保意识、回收的经济效益对生产者回收行为具有正向的显著影响。李进（2010）指出正规回收企业在便民与收购价格上存在劣势，导致消费者参与度不高，不利于废旧电子产品的回收，并提出对于信息与通信技术类电子废弃物可以建立电信企业介入的电子废弃物回收管理体系。周旭等（2014）运用扎根理论和验证性因子分析方法揭示了政策法规、企业的环保意识、消费者的环保意识和回收习惯、回收成本是影响企业履行废弃产品回收责任的主要因素。余福茂和何柳琬（2014）的研究结果表明企业管理者的环境态度对电子垃圾回收企业的环保意识及行为具有最重要的影响，企业经济效益次之，而企业自身能力对企业环保行为也有一定程度的影响。Gui 等 (2013)研究了电子废弃物回收系统中各利益相关者视角对生产者责任延伸政策目标实现的影响。

林成淼等(2015)针对中国电子废弃物回收体系的探索与发展现状，从制度保障建设、资金机制建设及回收网络建设三个方面探讨了日本、德国、荷兰和中国台湾地区的电子废弃物回收体系，提出建立全面的电子废弃物回收管理制度与回收资金机制、推进电子废弃物回收网络建设、加强对民众的宣传引导与约束、注重信息技术应用等完善我国电子废弃物回收体系的几点建议。国内外不少学者对电子废弃物回收的政府机制进行了研究。比如，刘慧慧等(2012)发现政府补贴额度较低时可以有效刺激回收量的增长、扶持正规企业的发展，而随着补贴的提升，其对回收总量的刺激作用减弱，并指出旧货市场的存在及翻修质量门槛的提高可以帮助正规企业牵制非正规拆解商的发展。Starr 和 Nicolson(2015)通过面板分析对马萨诸塞州的市政回收率做了研究，发现丢垃圾时付费是影响回收率的最重要的政策工具，教育水平和平均年龄是最重要和积极的环境因素，而材料回收设备是回收率的重要驱动因素。童天蒙(2014)对电子废弃物回收处理体系的激励契约进行研究，建立了回收量在两种回收商(正规和非正规回收商)回收价格影响下的 Stackelberg 博弈模型，分析比较补贴机制对系统最优决策的影响。Xavier 和 Adenso-Díaz(2015)指出环境合规性和经济效益是电子垃圾管理改进的主要动机因素，信息系统是减少利益相关者决策错误的非常有用的工具。

1.2.6 研究评述

上述研究具有一定借鉴、参考价值，但对于作为重要研究内容的电子废弃物产业链回收治理缺乏研究。研究成果虽然在政府干预、消费者参与、协同合作等方面涉及了产业链回收治理问题，但只是从静态角度研究电子废弃物产业链回收的利益相关者的行为关系及运行体系。治理理论是循环经济中稀缺的制度资源，也是与电子废弃物产业链回收相匹配的有效的制度安排，但是目前该理论在电子废弃物回收处理领域并没有得到足够的重视和研究。治理理论的缺失，将无法保障产业链回收稳定、可持续地运行，大大影响我国走可持续发展道路的实践。

文献研究表明，在内容上，目前关于电子废弃物产业链回收的研究大多集中在电子废弃物回收处理的现状和政策、产业链回收中利益相关者关系、回收处理的补偿机制和激励机制等方面。并且，在电子废弃物产业链回收利益相关者的研究上，多数学者把电子废弃物产业链回收上利益相关者分割开进行独立研究，较少考虑到利益相关者之间的协同关系。电子废弃物回收处理过程中涉及政府、企业、消费者等多个子系统，它们的系统内部及系统之间均存在着协同作用，在电子废弃物产业链回收治理中需要各个系统通力合作、协同配合，才能发挥协同效应，提高电子废弃物产业链回收治理的实效性。而 Jonsson 等（2011）的研究表明，具有协同特征的共生商业模式可以提高回收产业的盈利能力并降低环境影响，电子废弃物回收或服务优势越来越体现在各价值创造模块之间的系统协同中；产业链作为由若干子系统（节点企业）组成的特殊网络组织，协同也是它的必要条件。在方法上，大多使用定性分析，即使有使用博弈论或系统动力学进行定量分析的，也存在仅分析两两博弈或忽视系统间协同作用的局限性。而要完善电子废弃物回收系统，建立健全的电子废弃物产业链回收治理机制，就必须先对其发展演化的机理和内在动因有一个系统的了解才能对症下药。

因此，从利益相关者角度出发，结合协同理念研究电子废弃物产业链回收的治理机制显得尤为重要。为了探索有效的治理方式，首先要找出影响电子废弃物产业链回收协同治理的因素，再找出各个利益相关者决策行为的演化规律，基于此，才能有针对性地提出相应的治理模式，使治理模式与电子废弃物产业链回收的状态相适应。

1.3 研究内容与方法

1.3.1 研究内容

本书围绕"电子废弃物产业链回收协同治理"这一中心命题展开，借鉴国内外循环经济学、产业链治理、利益相关者理论、演化博弈理论及社会资本理论等方面的前沿理论成果和先进方法，系统研究电子废弃物产业链回收协同治理的内在机理，并重点考察产业链中各个利益相关者的行为对产业链整体效益的影响，以及从社会资本视角提出适合当前世情与国情的电子废弃物产业链回收协同治理的战略和对策。

本书共分为九章，具体安排如下。

第 1 章，阐述本书的研究背景、研究目的及意义，提出本书所要研究的主要问题，对国内外电子废弃物产业链回收协同治理的相关研究进行综述，从总体上介绍本书的基本思路、结构安排、研究方法及可能的创新之处。

第 2 章，根据第 1 章提出的研究框架，对产业链治理理论、利益相关者理论和博弈论等理论进行详细介绍，为展开协同治理机制研究作铺垫。

第 3 章，根据多案例研究结果析出电子废弃物产业链回收治理的影响因素，构建相关理论模型；引入社会网络分析，从定量角度分析影响电子废弃物产业链回收协同治理的关键因素及各个因素之间的关联关系。

第 4 章，在文献分析及专家咨询的基础上，确定利益相关者之间的博弈焦点及相关参数变量，构建演化博弈模型，分析利益相关者的稳定均衡状态；建立系统动力学模型，通过改变参数的数值研究利益相关者行为对外生变量的敏感程度及行为策略的动态变化，从而把握电子废弃物产业链回收协同治理演化规律。

第 5 章，基于社会资本理论，从产业链纵向分析各个利益相关者的特点及存在的问题，进而借鉴其他学者的研究成果对产业链治理模式进行总结，探索产业链的不同治理方式。

第 6 章，分析电子废弃物回收外包过程中的风险，利用故障树模型进行风险因素辨识，应用贝叶斯网络模型进行风险评估，以及应用 HOZAP-LOPA 模型和 Bow_tie 模型对重点风险和全面风险进行防控，并提出相应措施。

第 7 章，应用网络层次分析法对电子废弃物回收模式选择进行实证分析，并应用社会网络分析法，以实例为背景对回收过程中的合谋行为进行分析，以便得到治理启示。

第 8 章，应用行动者网络理论，分析电子废弃物回收产业链的治理，并从横向和纵向两个方面分析其协同机制。

第 9 章，提出本书的不足之处及研究展望。

1.3.2　研究思路

本书遵循理论分析—实证分析—政策分析的基本研究思路，以利益相关者为治理核心，循序渐进，层层推动展开。本书主要内容如下。

(1)问题提出。采用文献阅读、网络检索、专家访谈等方式收集资料，了解电子废弃物产业链回收治理的现状，并梳理电子废弃物产业链回收的相关研究，进一步加深对电子废弃物产业链回收的了解；思考学术界研究现状与电子废弃物产业链回收发展需求之间的矛盾，提出新的研究方向。

(2)理论分析。根据研究需求，对本书的理论基础进行详细介绍及梳理，为本书研究提供理论支撑。

(3)影响机理。采用多案例研究方法，辅以扎根理论研究范式的编码技术对电子废弃物回收的实践进行研究，了解电子废弃物产业链回收协同治理的影响机理，并拟采用社会网络分析方法进一步分析影响电子废弃物产业链回收协同治理的关键因素及各个因素之间的关联关系。

(4)动态演化。从利益主体协同演化视角，构建电子废弃物产业链回收中多主体的协同演化博弈模型，并在 Vensim 平台上进行仿真模拟，研究多主体演化均衡状态及演化驱动因素，明晰电子废弃物产业链回收协同治理的动态演化机理。

(5)治理方式。基于社会资本理论，从社会资本的要素出发，从政府、企业、公民(消费者)三个角度分析电子废弃物产业链回收的治理机制及相应的治理方式，并梳理治理方式的发展路径。

(6)风险分析。系统分析回收过程中的风险因素，并利用多种方法进行辨识、评估和预防。

(7)治理机制。针对回收过程中的合谋行为进行分析，找出内在的原因并提出相应治理机制。

(8)治理对策。根据上述研究成果，从政府、行业、企业、公众等利益相关者角度提出电子废弃物产业链回收治理的建议。

1.4　研　究　创　新

本书的创新之处主要体现在以下三个方面。

(1)研究方法的创新。通过多案例分析及扎根理论的编码技术，发掘电子废弃物产业链回收的影响因素。根据产业链治理的内在因素，突破传统简单的因素分析，基于社会网络分析，从定量角度研究众多影响因素在产业链协同治理中的角色地位，探索产业链协同治理的影响机理。既囊括了众多影响因素，又识别出关键的影响因素及它们之间的关联关系，为产业链治理机制的设计提供了可靠的基础。

(2)研究视角的创新。利用演化博弈及系统动力学研究电子废弃物产业链回收协同治理的动态演化，不同于以往的静态产业链治理分析，从动态角度研究电子废弃物产业链回收协同治理中利益相关者的行为变化，把握协同演化规律，为合理选择治理机制提供重要的决策支持。

(3)研究内容的创新。基于社会资本理论总结了电子废弃物产业链回收协同治理的治理模式，并提出制度安排，从政府、产业、企业、公众等方面大大完善了电子废弃物产业链制度法规和政策措施，也为电子废弃物产业链回收治理机制有效实施提供了动力支持和制度保障。

第 2 章 理 论 基 础

本章主要对研究中所涉及的主要理论进行概述，为后续各个部分提供理论基础，使研究有理可依。而对于各部分所涉及的研究方法，则将在相应部分予以介绍。

2.1 循 环 经 济

人类社会发展经历了以自然生产力为主导的膜拜自然时期及以工业化为主导的掠夺自然时期。在掠夺自然时期，人类社会的物质财富得到了极大的丰富，但是与此同时，经济增长却正在削弱我们最终依赖的自然提供物品和服务的能力，导致自然提供的物品和服务成为新的稀缺资源，使得人类社会增加了对自然的敬畏感，协调发展的思想因此诞生，循环经济的发展理念正是在这一全球背景下产生的。

循环经济的起源最初可追溯到 1966 年美国经济学家肯尼斯·鲍尔丁提出的宇宙飞船经济学。1990 年，英国环境经济学家大卫·皮尔斯和图奈第一次使用"循环经济"一词，Cooper 从产业过程阐述了循环经济，认为所有生产过程产生的和最终消费后弃置的废弃物都应当重新用于其他产品或工艺的生产过程中去，并将所有资源均纳入生命周期闭路循环的行为称为"circular economy"。20 世纪末，发达国家把循环经济理念大规模运用到社会实践活动中，并建立相应的法律和制度。比如，作为发展循环经济先行者的德国，先后颁布了《垃圾处理法》《废弃物处理法》《循环经济与废弃物管理法》等一系列法律，在较为完备的法律体系支撑下，德国的废弃物处理行业循环利用率不断上升，经济效益显著。我国循环经济的发展大致经历了萌芽发展阶段（1993 年以前）、清洁生产阶段（1993～2003年）、理念传播与试点阶段（2003 年至今）三个阶段。2009 年，我国开始实施的《中华人民共和国循环经济促进法》奠定了发展循环经济的法律基础，标志着我国循环经济发展进入了一个全新的发展时期。

循环经济强调经济系统与生态系统之间的和谐，是以最少的自然资源投入和废弃物排放为目标的经济活动及经济运行关系的总和。循环经济以"减量化（reducing）、再使用（reusing）、再循环（recycling）"为原则，循环经济的成功实施离不开任何一个原则的支撑。循环经济的发展不是简单的周而复始或闭路循环，而是一种螺旋式上升的有机进化和系统发育过程，区域的产业结构将在循环经济的发展过程中进行重组和优化，资源利用率高、对生态环境胁迫性弱的产业部门将会逐步聚集，形成产业集群。循环经济对生态环境几乎没有胁迫性，具有高资源利用率、高行业行为标准、强产业发展持续性、强经济发展带动性、强产业增长和强集聚性等特点，是分析整个产业宏观过程的强有力的指导基础。

2.2　产业链治理理论

1989 年，世界银行首次使用"治理危机"来分析非洲的发展，开启了管理学界研究治理理论的先河，此后相关研究成果大量涌现，其中的公司治理已经形成比较成熟的理论体系。全球化经济的发展使产业链日益成为重要竞争形式，治理理论也由公司治理、集团治理发展到了产业链治理。

在国外，价值链和供应链是学术界研究治理主攻的两个层面。价值链治理起步于价值链治理模式的研究。较早研究治理模式的代表性成果是 Humphrey（2003）提出的全球生产网络的四种治理模式——市场式、网络式、准等级制、等级制，以及 Gereffi 等（2005）提出的全球价值链五种治理模式——市场式、模块式、关系式、领导式和等级制。大多数学者对供应链治理的研究集中在机制和结构两个方面。关系、契约、激励和信任是治理机制研究的主要内容，近年来以信任为纽带的新型治理机制受到越来越多研究者的重视；治理结构侧重于对影响因素的研究，其中企业、环境、交易特点和双方关系是影响因素研究的重点。

国外鲜有从产业链治理层面的研究，国内的相关研究也不多。李维安（2009）在企业集团治理研究中部分涉及了产业链治理，但未将产业链作为研究对象。杜龙政等（2010）将资源、市场、技术和协调作为关键要素，提出了资源驱动型、市场主导型和技术主导型三种产业链治理模式。汪延明（2012）也基于公司治理视角，认为产业链治理应以技术董事和信息董事为主构建产业链董事会。在以上两位学者的观点里，产业链治理只是企业治理、企业集团治理的延伸，依然局限于解决企业内部治理问题。费钟琳等（2010）认为地方政府治理可以促进产业链有效运转和可持续发展，通过协调产业链上各个主体的利益防止产业链断裂或迁移。袁静和毛蕴诗（2011）从供应商角度，将中国制造业纵向交易的治理模式分为强契约型、强关系型、契约关系并重型和契约关系俱弱型四种类型，进行实证研究。张利庠和张喜才（2010）研究了农业产业链治理的内涵和主体，认为产业链治理包含价值增值、利益分配、食品安全、环境保护和产业安全五个主要方面。严北战（2011）指出集群式产业链及其升级活动与治理模式之间存在协同演进关系。周绍东（2011）分析了产品内部技术结构对产业链治理模式选择的影响，指出应以柔性产业链治理模式取代僵硬的纵向一体化和纵向分离的两分法思维。

本书认为产业链治理是基于竞合关系的新型治理，与基于产权关系的公司治理有较大区别。产业链是以核心企业为中心，以信息链、技术链为纽带，通过资源整合、人力配置、市场优化、资金调配和知识共享等手段，形成战略协同、利益均衡并具有纵向一体化整合能力和增值效应的产业聚集体；相应地，产业链治理是指为了实现产业链技术的协同研发，提升产业链的技术创新能力，在核心企业关键驱动能力的作用下，通过节点企业间边界人员互信，形成的产业链内部信任关系。产业链治理的主要内容包括：在上游研发环节构建以"企企"间"激励相容"为特征的共享技术平台，从研发成果的形成、流转与应用层次提升产业聚集体的研发效率，扩大技术共享面；在下游销售环节构建共享市场平台，通过延伸传统的网下业态形成新型的网上业态，通过适度利润率的定价策略内生性扩大销售规模；同时促进上下游环节间的协同互动。产业链治理的目的在于通过节点企业的协同实现整个产业链的利益均衡，偏重于中观过程和机理的研究。

2.3 利益相关者理论

利益相关者理论(stakeholder theory)起源于企业管理领域，最早由斯坦福大学在 1963 年提出，20 世纪 80 年代逐步发展完善，成为公司治理和权益保护的理论依据。在利益相关者的众多定义中，Freeman(1979)给出的最具代表性，他认为"利益相关者是指那些能影响企业目标的实现或被企业目标的实现所影响的个人或群体"。利益相关者理论的新颖性和实用性，使其受到管理学、企业伦理学、法学和社会学等众多学科的关注与研究。随后的研究中，学者们普遍认识到不同类型的利益相关者对企业决策的影响程度是不同的，需要对利益相关者进行细分。Charkham(1992)、Wheeler 和 Maria(1998)、Pajunen(2006)等学者采用多维细分法对利益相关者进行了分类，使人们对利益相关者理论的认识得到了更大的加强，但这些方法也存在缺乏可操作性的致命缺陷。而 Mitchell 等(1997)通过米切尔评分法从很大程度上改善了利益相关者界定的可操作性，让利益相关者理论的应用得到更加广泛的推广。由于不同学科性质不同，学者的研究内容、研究思路也不尽相同，分别形成了企业社会责任与伦理问题研究和利益相关者治理问题研究两条主线。

2.3.1 企业社会责任伦理方面

Branco和Rodrigue(2007)认为，从利益相关者视角关注企业社会责任，有利于促进社会效益，减少负面影响。Jamali (2008) 采用案例研究方法，证明了基于利益相关者理论实施企业社会责任的有效性。Chen 和 Wang (2011) 的研究也表明企业履行社会责任可以提高企业近期的财务业绩。王晓巍和陈慧 (2011) 的实证研究表明企业承担的对不同利益相关者的社会责任与企业价值存在正相关关系。黄晓治和于洪彦 (2011) 认为企业社会责任能够给利益相关者带来利益，当利益相关者和公司的关系得到加强时，利益相关者会给公司带来回报。企业把社会责任纳入自身的经营战略中，通过不断提高自身的社会责任意识提升企业的价值。

2.3.2　利益相关者治理方面

杨瑞龙和周业安 (1998) 指出，利益相关者治理模式是对传统的股东至上治理模式的重大修正，提倡利益相关者共同治理。魏炜等 (2012) 指出，企业通过利益相关者视角可以懂得如何去更新和升级资源能力禀赋，同时企业也需要在保证利益相关者的成长和发展空间的前提下，把利益相关者的资源能力优势转化为企业的资源优势，并不断升级，从而提升自身不断创新的能力。项目利益相关者之间良好的合作关系可以推动项目组织协同效应的形成，从而促进项目成功。常宏建等 (2014) 基于网络关系视角，构建了项目利益相关者协调度测评体系，形成了一套实用的项目利益相关者管理工具。唐跃军和李维安 (2008) 对上市公司的实证研究表明，良好的利益相关者治理机制和较高的治理水平有助于公司的和谐发展，增强盈利能力。Alpaslan 等 (2009) 提出，基于公司治理的利益相关者模型，能够较好地处理公司危机。王世权和牛建波 (2009) 对雷士公司案例进行研究后，指出现阶段大部分利益相关者通过关系治理的方式参与到公司治理中。

上述研究表明，多数学者认为利益相关者对促进企业履行社会责任方面具有积极意义，也认同利益相关者参与到企业治理中是必要的。本书将企业管理领域的利益相关者理论扩展到产业链回收领域，突破传统的企业共生关系，以利益密切相关、价值目标相同的利益共同体关系审视、构建电子废弃物产业链回收治理模式，是一个比较新的领域，具有一定理论价值与现实意义，同时也有利于研究产业链中各个微观主体的具体行为。

2.4　社会资本理论

社会资本起源较晚，它将传统资本理论与社会关系结合起来，具有社会性和资本性。社会资本作为一个新经济社会学要领的重要内容，已引起国内外学者的广泛关注。社会资本的发展历程大致可以分为初创阶段、发展阶段、扩展阶段及最新研究阶段等四个阶段。

在初创阶段，社区改革倡导者利达·汉尼范于 1916 年在分析社区参与和社会纽带的重要性中首次使用"社会资本"这一概念，他认为社会资本指的是在人们日常生活中占据重要位置且可被感受到的资源，是有利于个体和社区发展的与物质资源具有同等价值的资源。此外，随着互助和群体的概念被引入社会资本的分析中，社会资本的概念就具备了以社会为中心的属性特点。1961 年，加拿大记者兼学者简·雅各布斯把"城市街区邻里网络"作为社会资本的关键要素来分析，该学者认为街区邻里之间的网络也就等同于社会资本。此后，许多学者都沿用这种研究视角和方法，把邻里网络作为社会资本分析的重点。

在发展阶段，法国的社会学家皮埃尔·布迪厄是社会资本现代意义的第一个系统诠释者，他从社会关系网络视角诠释了社会资本的概念，把社会资本定义为"实际或潜在的资源集合"。布迪厄将社会资本的重点紧紧聚焦在社会关系网络，确立了其现代意义。1988 年，科尔曼结合实证研究对社会资本进行了更加深入的论述，他认为社会资本是具有各种不同形式的实体，具有以下特征：第一，不可转让性，因为它是一种无形的社会关系；第二，公共物品性质，如信任、规范、信息网络等；第三，与其他形式资本地位同等重要，具有资本的生产性。该阶段，社会资本的概念不再以个人为中心，而是明确地和系统地向以社会为中心进行转变。

在扩展阶段，社会资本理论分化为以社会为中心和以个人为中心两个分支。在以社会为中心的分支上，普特南通过增加"公民参与合作"的动态维度使布迪厄关于社会关系网络的静态定义得到了充实，提出信任、规范和网络等社会组织特征能够通过推动协调的行动来提高效率，这些社会组织特征就属于社会资本。弗朗西斯·福山为社会资本增添了"社会规范"，强调普遍社会信任，认为社会资本是一种有助于两个或多个个体之间相互合作的非正式规范。在以个人为中心的分支上，亚历杭德罗·波提斯认为社会资本体现的是一种个人能力，并且这种个人能力是个人作为社会成员嵌入在社会关系网络中的结果。罗纳德·博特对社会资本的定义集中在"个体利用特殊的熟人关系来获得可发展机会"。

在最新研究阶段，主要集中在孰为中心的争论和合理化分类。进入 21 世纪后，以个人为中心和以社会为中心的社会资本理论研究逐渐达成共识，即无论是个人中心论还是社会中心论，都承认社会资本的资源属性，与物质资本具有同等地位，都认为社会资本具有生产性和不可转让性，也都在社会资本的成分上达成共识，赞同信任、关系、网络和规范等因素是社会资本的重要组成部分。

从社会资本视角研究问题可以更好地利用社会关系，扩大群众的参与度，从而大大提高影响力，有助于问题的解决。运用社会资本理论对我国电子废弃物产业链治理进行研究是一个全新的角度。在这之前大多数学者对我国电子废弃物产业链的治理主要参考国外的治理方式，大多从完善生产者责任制度、完善相关立法规范与回收处理体系等方面着手，虽然考虑到了国情，但却忽视了社会公众的力量，这些政策实施起来也缺乏行动力和影响力，难以从根本上解决问题。而社会资本作为一种新的资源能够推动协调行动并提高社会效率，电子废弃物产业链治理也正缺乏这种行动力。从社会资本的视角对产业链进行分析并构想出可以切实履行的对策，对电子废弃物产业链的整治大有益处。

第3章 电子废弃物产业链回收治理影响因素

电子废弃物产业链回收中涉及多个利益相关者,包括生产商(制造商/进口商)、零售商、处理商、消费者、小商小贩、政府及第三方组织(非营利性组织)等,目前我国电子废弃物产业链回收中基本没有第三方组织等行业协会的参与,而小商小贩等"非正规军"却成为电子废弃物回收处理的主力。不同利益相关者参与到电子废弃物产业链回收中,承担相应的责任,发挥各自的作用,他们在产业链回收中的行为受不同因素的影响,对电子废弃物回收产生的影响也有所差异。迄今为止,国内外学者对电子废弃物回收的影响因素已经做了较为广泛的研究。

例如,Lau 和 Wang(2009)指出,影响电子产业回收的因素不仅有强制性的法律、监管和指令对生产者的刺激、经济支持、税收优惠等,还有公众的环保意识。蓝英和朱庆华(2009)在文献研究和实证分析的基础上筛选出影响消费者参与废旧家电回收的显著因素,依次为服务动机、行为态度、经济动机、主观规范和行为障碍,并探讨了不同消费者群体对这些因素的感知差异。Wang 等(2011)通过问卷调查构建 Logistic 回归模型,指出回收设施和服务的便捷性、居住条件、回收习惯和经济效益是影响居民电子垃圾回收意愿和行为的主导因素。Dwivedy 和 Mittal(2013)对印度居民参与电子废弃物回收的意愿进行 Logistic 回归分析,指出城市化进程的加快、更多的环保意识和习惯都会促进人们参与回收,而来自非正规废品经销商的竞争是电子废弃物走向正规回收模式最关键的障碍,政府可以给予非正规部门一些经济激励以促进其和正规部门合作。陈占锋等(2013)采用结构方程模型对北京市居民参与电子废弃物回收行为的影响因素进行了探讨,结果显示感知的行为控制、经济成本、环保认知、回收态度、回收习惯和信息宣传等变量对行为意向具有显著影响。周三元和赫利彦(2013)基于废旧家电回收过程中涉及的生产企业、回收处理企业、政府和消费者四个主体设计调查问卷并进行主成分分析,归纳出政府的政策法规及监管、回收行业的市场格局、生产企业实力和经营状况、居民回收素养、回收企业经济效益和居民回收环境六个影响废旧家电回收的主要因素。

但是多数学者把电子废弃物产业链回收上利益相关者分割开进行独立研究,较少考虑到利益相关者之间的协同关系,并且研究思路过于单一,缺乏有亮点的新发现。因此,本章以利益相关者协同为焦点,将探索性多案例分析与社会网络分析相结合,从定性和定量两个角度探索影响电子废弃物产业链回收协同治理的主要因素及各种因素之间的内在联系。

3.1   基于协同治理的探索性多案例分析

由于缺乏系统和具有针对性的可借鉴的理论成果，本书首先通过对四家电子废弃物产业链回收中的相关企业进行探索性多案例研究，析出电子废弃物产业链回收协同治理的影响因素，分析其中的关系，从而得出初步研究结论。

3.1.1   研究方法及数据来源

探索性案例研究具有理论构建功能，研究范式分为由外到内和由内到外两种，前者是在已有理论的基础上引入新的情境构建新理论，而后者采用扎根理论的研究范式构建新理论，因此对于全新的情境采用由内到外的研究范式更为学者所提倡。本书所要解决的关键问题是电子废弃物产业链回收协同治理的影响因素，基于协同治理层面的研究赋予了电子废弃物回收研究全新的情境，因此需要采用探索性案例研究方法。在研究个案数量的确定上，Marshall 和 Rossman(2010)指出研究结论的信度和效度会随着案例研究样本数量的增加而得到改善，而 Eisenhardt 和 Graebner(2007)则提出采用 4～10 个个案进行研究的建议。因此，本书依据典型性原则，选择 TCL 集团股份有限公司(TCL)、国美电器(GOME)、格林美股份有限公司(GEM)、华新绿源环保产业发展有限公司(HXLY)四家在电子废弃物回收中取得较大成就的企业作为案例研究样本，并且这四家企业分别属于生产商(TCL)、零售商(GOME)和回收处理商(GEM 和 HXLY)，因此从企业性质来看基本囊括了电子废弃物产业链回收上的利益相关企业。

此外，本书数据收集的方向为"哪些因素会影响电子废弃物产业链回收的协同治理"，数据收集的方法主要包括：对四家企业的高层管理者和对该领域有所研究的专家、学者进行访谈，从案例企业官网获得最新动态，从中国知网获得案例企业相关文献，并在百度和 360 搜索引擎上搜索相关度较高的网络新闻。在进行案例分析之前，本书对收集到的数据进行了必要的筛选，为了确保研究的信度和效度，本书参照 Yin(2002)的观点选取能够进行三角验证的数据进行分析。

3.1.2   多案例分析

扎根理论的方法可以分为开放式编码、主轴编码和选择性编码三个阶段，本书根据该研究思路进行层层编码，从而析出影响电子废弃物产业链回收协同治理的概念和范畴。

1. 开放式编码

　　开放式编码是对资料进行概念化和范畴化的过程，即将原始收集到的资料打散，之后对相关资料赋予概念，再用新的方式或概念重新组合起来的操作过程。在开放式编码过程中，应该遵循以下几点要求：以开放的心态"悬置"个人观点；用概念的形式来表达访谈资料；对于概念可以借用已有文献的概念、使用当事人的原话或用分析者自己的语言进行命名；应逐字逐句挖掘概念及其属性，即得到一些概念后，可以根据其属性将其归在一个更高抽象水平的概念之下，形成范畴。

　　本书首先采用"贴标签"的方式对文本赋予若干个语义标签，形成以受访者原话命名的 451 个"本土概念"；随后将存在冗余的本土概念进行进一步整合，将特征相同或内涵相近的概念重新归入各自的范畴，经过整理最终得到 163 个初始范畴，在 NVIVO 数据库中同时命名为自由节点。由于初始范畴较多，本书仅列出开放式编码的几个示例，如表 3-1 所示，同时表 3-1 中略去了寻找命名本土概念这一中间过程。

表 3-1　开放式编码示例

典型引用	初始范畴（自由节点）
TCL 奥博先后与苏宁、国美启动家电以旧换新回收拆解合作项目，促进家电回收产业战略伙伴的合作与交流；近期又和百度合作，建立"百度回收站"，加快了废旧家电循环利用的效率，产生了良好的环保效益；同时依托城市中已有的废品回收站，与一些大的回收站建立起长期合作的关系(TCL)	产业链垂直企业建立长期战略合作关系
对于绿色循环经济企业来说，科技含量一般很高，循环必须有高科技支持，否则不可持续。对于废弃物，人人都可以回收，但是并非人人都可能实现无害化处理(GEM)	处理需要高科技支持
格林美在深圳、武汉、荆门、江西丰城和无锡建设五大循环产业园，跨越广东、湖北和江西三省建立覆盖 10 多万平方千米的最大规模废旧电池集中回收体系。2013 年湖北的货源不够，跑到湖南、江西等地方补充货源，才勉强够生产，如今一部分精力不得不放在如何从周边省市寻找电子垃圾资源上来(GEM)	打破地域限制进行资源整合
对于产业链的整合，收购一些成熟企业是业内的通行做法。在 2012 年年底，格林美就收购了江苏凯力克钴业股份有限公司(GEM)	大企业收购成熟企业
……	……

续表

典型引用	初始范畴(自由节点)
华新绿源环保产业发展有限公司废旧电器电子产品处理基地位于北京市通州区马驹桥镇国家环保产业园，隶属中关村科技园通州园。公司抓住机遇，多年来专注于技术研发领域，充分利用首都良好的产学研资源，厚积薄发，不断加大技术、设备的革新研发投入(HXLY)	当地优势(资源与政府支持)
消费者更乐意将废旧家电卖给这些就在家门口的收购点，不仅方便，卖价更高。这些收购点回收的家电并没有转向类似 TCL 奥博等正规回收处理企业，而是流向二手家电市场和小型拆解作坊(TCL)	非正规回收渠道有价格、便捷优势
……	……
国美电器和杭州大地环保公司共同探索废旧家电回收模式，打造废旧家电产业链回收。国美电器和大地环保的这次合作，将推进我国废旧电器的回收渠道建设，对试点项目发展和国家有关机构科学立法起到重要的推动和示范作用(GOME)	零售商和处理商合作
通过试点项目的展示、带动作用，引导家电制造商、废旧电器回收机构、废旧电器检测鉴定维修机构、二手产品交易市场等各方面成员全面参与产业链条建设尝试，建立适合中国国情的废旧电器回收、处理产业链条(GOME)	项目式合作引导利益相关者参与
……	……

2. 主轴编码

主轴编码又称二级编码，其主要任务是发现和建立初始范畴之间的逻辑关系，通过对初始范畴的反复思考和分析整合出更高抽象层次的范畴，该阶段的重点工作在于发展主要范畴。在 NVIVO 数据库中就是将开放式编码阶段诸多的自由节点进一步归纳，并组合为多个由主副范畴构成的树节点。在该过程中，研究者使用典范分析模型来探索各初始范畴之间的因果关系，典范分析模型遵循"因果条件→现象→情景(脉络)→影响因素(中介条件)→行动/互动策略→结果"这一逻辑路线。本书借鉴周泯非的观点，把该分析模型简化为"条件→行动/互动→结果"，据此来寻找诸多初始范畴之间的联系，其中条件是指某一现象发生的环境或情境，行动/互动是指研究对象针对该环境或情境所做出的策略性或例行性反应，结果则是行动或互动带来的实际后果。例如，通过开放式编码形成的"电子电器产品报废量多""非正规回收渠道盛行""非正规回收渠道有价格、便捷优势""非正规回收渠道存在信息泄露、污染环境等危害""环保市场开放度低""回收处理行业景气度提升"

"回收品的质量差""家电销售收入降低""资本市场支持"等初始范畴,可在典范分析模型下整合为一条"轴线":目前家电行业收入低,但是电子电器报废量多,回收处理行业景气度较高(条件或背景);非正规回收渠道虽然存在信息泄露、污染环境等危害,但是具有价格和便捷优势,因此消费者还是更倾向于选择对自身有利的非正规回收渠道(行动/互动);加之环保市场开放程度低,正规回收企业不得不借助资本市场维持发展(结果)。因此,这几个范畴被重新整合并纳入一个主范畴——"市场氛围"当中,成为说明该主范畴的副范畴。

按照以上思路不断进行探索直至初始范畴达到饱和,在该阶段,开放式编码中形成的 163 个初始范畴被重新整合为 65 个副范畴,并被归纳到 9 个主范畴(树节点)当中,名称及示例如表 3-2 所示。

表 3-2　主轴编码示例

副范畴	主范畴(树节点)
行政许可手续烦琐,政策或制度衔接有空白,完善电子废弃物回收登记制度,政策奖励环保消费,政府建立回收处理激励机制,政府完善法律法规	政策环境
环保市场开放度,回收处理行业景气度,电子电器行业销售收入,电子电器产品报废量,资本市场支持,市场规范程度	市场氛围
当地优势(资源与政府支持),各省政策标准差异,各省独立发放牌照,环保部门监管和规划,建立园区及示范基地集中治理,培养及留住专业人才	地方规制
整合不同区域资源,整合官、产、学、研、用等各方资源,大企业收购成熟企业,龙头企业推动和引导,环保机构参与,项目式合作,上下游建立长期战略合作关系	产业链整合
从生产源头降低拆解成本,向下游高端产品衍生,将财力、物力、政策投向处理终端,将环保深入化	产业链延伸
各省环保部门沟通,企业参与制定国家相关标准,回收处理商与生产商、零售商合作,与消费者建立长期稳定关系,与超市、学校、政府机关、事业单位、居民小区、公益组织合作,与国内外同行企业沟通交流与合作,与知识型机构建立创新联盟,建立创新资源的合作共享机制,利用网络信息技术实现信息交互,以会议和展会促进各方交流	建立关系
高层管理者的能力及素质,企业社会责任及环保责任意识,回收处理规模化和规范化,回收处理机械化和智能化,回收活动向纵深展开,加大研发投入,发展综合业务,企业定期请第三方机构进行检测,提升系统管理能力,重视员工素质及待遇	企业自治
环境和经济持续发展的目标,企业坚持循环经济理念,企业引导消费者参与,社区物业的环保意识,消费者思维方式和习惯,媒体宣传,政府鼓励生产商做拆解,政府引导消费者参与	思想共识
借鉴国外技术与经验,积累和提炼实践经验,使用新技术或设备,探索回收处理模式,探索新回收渠道,依托互联网和大数据,引进或开发新产品,整合现有技术	学习和创新

3. 选择性编码

选择性编码是指在主轴编码所形成的众多概念类属关系中,发现一个或几个核心概念，这些核心概念具有较强的概括能力、抽象程度和关联能力，可以将许多相关的概念集中在比较宽泛的理论范围之内。

对主轴编码得到的 9 个主范畴的内涵和性质进行分析，具体如下。

主范畴"政策环境"是对案例资料中有关国家对推动电子废弃物回收产业发展的实践及存在问题的归纳，如表 3-2 所示，该主范畴下的 6 个副范畴是国家政策存在的问题及其行为的特定表现，共同反映了政府主导下的电子废弃物产业链回收治理的正式制度安排。同理，"市场氛围"主要是对电子废弃物回收产业所处市场环境的归纳，其副范畴共同反映了市场自发形成的对电子废弃物回收处理产业链治理的非正式制度安排。"地方规制"与"政策环境"相对应，其副范畴反映的是不同地方政府及其职能部门对电子废弃物产业链回收治理的差异性政策及实践。

主范畴"产业链整合"和"产业链延伸"都是对质性数据从产业层面进行的归纳。产业链整合是指产业链中的某个主导企业以提高整个产业链的运作效能和企业竞争优势为目的，以促进企业进行协同行动为手段，对相关企业的关系进行调整和优化的过程。在本书的扎根归纳中总体体现为资源整合及顶层设计多方配合，具体表现为整合不同区域资源，整合官、产、学、研、用等各方资源，大企业收购成熟企业，龙头企业推动和引导，环保机构参与，项目式合作，上下游建立长期战略合作关系等 7 个副范畴。而产业链延伸是将一条既已存在的产业链尽可能地向上下游拓展延伸，向上游延伸一般使产业链进入到基础产业环节和技术环节，向下游拓展则进入到市场拓展环节。在本书的扎根归纳中总体体现为电子废弃物产业链回收的延伸方向及延伸措施，具体表现为从生产源头降低拆解成本，向下游高端产品衍生，将财力、物力、政策投向处理终端，将环保深入化等 4 个副范畴。

在电子废弃物产业链回收中不同利益相关者通过不同的方式建立起正式或非正式的关系，主范畴"建立关系"就是对这一现象的概括，主要表现为区域关系、产业链纵向关系、产业链横向关系及利益相关者之间网络关系的建立。"企业自治"则是对产业链中利益相关企业应具备的能力及相关行为的归纳，高层管理者的能力及素质、企业社会责任及环保责任意识、回收处理规模化和规范化、回收处理机械化和智能化、回收活动向纵深展开、加大研发投入、发展综合业务、企业定期请第三方机构进行检测、提升系统管理能力、重视员工素质及待遇等 10 个副范畴均是企业在自身能力主导下的实际治理行为的表现。"思想共识"是对质性数据中各利益相关者主观意识层面的共识的概括，环境和经济持续发展的目标、企业坚持循环经济理念、企业引导消费者参与、社区物业的环保意识、消费者思维方式和习惯、媒体宣传、政府鼓励生产商做拆解、政府引导消费者参与等 8 个副范畴构成了电子废弃物产业链回收中不同利益相关者在思想上基本一致性。"学习和创新"是对资料中有关利益相关者自我能力提升的行动的概括，代表已有知识的转移和新知识的产生，具体表现为借鉴国外技术与经验、积累和提炼实践经验、使用新技术或设备、探索回收处理模式、探索新回收渠道、依托互联网和大数据、引进或开发新产品、整合现有技术，这些副范畴对于利益相关者能力的建立和提高起到了至关重要的作用。

在对主轴编码阶段进行回顾及查漏补缺的基础上，可以发现"政策环境"、"地方规制"和"市场氛围"中的许多因素都可能对电子废弃物产业链回收产生一定的影响，促成利益相关者之间的协同，并且都属于协同团体的外部因素，因此被赋予"外部环境"的概念命名。同理，"产业链整合"和"产业链延伸"这两个主范畴分别代表着产业链升级的不同路径，也是电子废弃物产业链回收中各个利益相关者进行协同的目的，因此本书将其归为"产业链协同治理"。"企业自治"与"学习和创新"体现的是企业内部的治理，而"建立关系"和"思想共识"则体现的是利益相关者之间的关系治理，无论是企业内部协同还是企业之间的协同，都可用"协同能力"这一概念来概括。根据以上分析得到的基本逻辑是：在研究所涉及的各种情境下，表现为法律法规、市场现状、国家或地方相关政策所形成的正式或非正式制度安排会对电子废弃物产业链回收中利益相关者的内外协同能力产生重要的支撑及提升作用，从而进一步影响整个产业链的协同治理行为及效果。据此，最终的核心编码所得到的核心范畴可以表述为"利益相关者协同能力对产业链协同治理的影响"，而外部环境是此核心范畴中固有的制度性要素，对电子废弃物产业链回收的协同治理起到驱动作用。本书用图 3-1 描述电子废弃物产业链回收协同治理影响机理的理论模型。

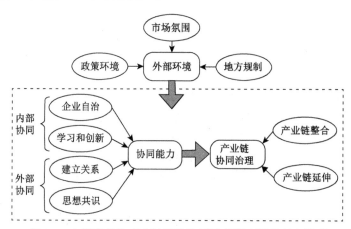

图 3-1　电子废弃物产业链回收协同治理影响因素理论模型

3.2 影响因素的社会网络分析

通过案例分析得出的理论模型只能归纳出电子废弃物产业链回收协同治理的影响因素，并不能反映出这些因素对电子废弃物产业链回收协同治理的影响程度及这些因素之间的相互影响关系，而把握不同因素的重要性对于采取有效的治理对策具有重要意义。社会网络分析则更加重视网络中不同主体之间的关系，认为任何一个有人参与的社会过程都是由行动者及其社会关系组成的，这些社会关系又会在特定的情境中形成特定的网络结构。在电子废弃物产业链回收中，众多利益相关者通过纵横关系形成了受协同治理影响因素相互交织作用的网络组织。因此，本书将协同治理影响因素作为网络节点，并将各个影响因素之间的相互关联定义为网络连线或边，借助社会网络分析方法对电子废弃物产业链回收协同治理的影响因素展开分析。

3.2.1 关联分析

本阶段的关联分析是对主轴编码阶段构建的 65 个副范畴所代表的影响因素间的相互关联进行系统分析。主要是构建电子废弃物产业链回收协同治理影响因素的网络分析矩阵(邻接矩阵)，该矩阵是用来表示各影响因素间联系程度和相互作用关系的数据方阵，矩阵的各行、各列依次表示各个影响因素的名称，矩阵中的数值表示各个影响因素之间的关联(影响)程度。本书借鉴郭永辉(2012)的研究方法，设计 4 级关联，0 表示影响因素之间没有关联，1 表示影响因素之间弱关联，2 表示中等关联，3 表示强关联。本书采用专家打分法，邀请 10 位对该领域有深入研究的教授级学者及 5 位参与电子废弃物产业链回收协同治理相关研究的研究生根据自己的经验给 65 个副范畴之间的联系打分，最终确定协同治理影响因素的邻接矩阵。由于 65×65 的矩阵涉及的数据很多，本书仅给出前 6 个影响因素之间的邻接矩阵作为示例，如表 3-3 所示。

表 3-3　协同治理影响因素的邻接矩阵（前 6 个影响因素）

影响因素	I_1 行政许可手续烦琐	I_2 政策或制度衔接有空白	I_3 完善电子废弃物回收登记制度	I_4 政策奖励环保消费	I_5 政府建立回收处理激励机制	I_6 政府完善法律法规
I_1 行政许可手续烦琐	0	0	1	0	0	0
I_2 政策或制度衔接有空白	0	0	0	2	2	3
I_3 完善电子废弃物回收登记制度	0	0	0	2	2	2

影响因素	I_1 行政许可手续烦琐	I_2 政策或制度衔接有空白	I_3 完善电子废弃物回收登记制度	I_4 政策奖励环保消费	I_5 政府建立回收处理激励机制	I_6 政府完善法律法规
I_4 政策奖励环保消费	0	0	1	0	0	0
I_5 政府建立回收处理激励机制	2	0	0	2	0	2
I_6 政府完善法律法规	2	2	0	0	0	0

3.2.2　矩阵分析

电子废弃物产业链回收各个利益相关者构成的治理网络中涉及不同的影响因素，其中起主导作用和居支配地位的影响因素在网络中表现为一种网络中心性。中心性是社会网络分析中的重点之一，用来定量描述网络中各个节点所拥有的"权力"。这种"权力"指各个节点之间实存或潜在的互动模式，一般由影响和支配两方面构成。其中，"权力"的影响维度是指网络中一个节点对其他节点产生影响的能力，即只要某个节点收到其他节点的信息并因此改变了自己的行动，"影响"就发生了；"权力"的支配维度是指网络中一个节点通过提供恩惠或惩罚来控制另一个节点，意味着其他节点对该节点的屈服，隐含着诸如强力、压制、控制及暴力等"支配性力量"。中心性大的因素能够对网络凝聚性、网络质量和协同治理能力产生重大影响。因此，本书主要采用社会网络分析中的中心性分析方法对电子废弃物产业链回收协同治理的影响因素进行分析。网络中节点的中心性可以用点度中心度、中间中心度和接近中心度等指标来衡量。其中，点度中心度侧重衡量一个点与其他点关系的能力，指该点拥有的直接联系数量，测量网络中行动者自身的交易能力；中间中心度用于衡量某点对资源的控制程度，测量该点在多大程度上控制他人之间的交往；接近中心度侧重分析某点对于信息传递的独立性或有效性，考虑的是行动者在多大程度上不受其他行动者的控制。与点的中心性对应的是网络整体的中心性，在社会网络分析中用中心势指标来表示网络整体的中心性，相应地，中心势也可以分为点度中心势、中间中心势和接近中心势。中心势值越大，网络越具有集中趋势，网络中权利的分布越不均匀，网络越不稳定。本书使用 UCINET 软件对表 3-3 中的数据进行分析，结果如表 3-4 所示。

表 3-4　协同治理影响因素中心性分析结果

影响因素	点入度	点出度	中间中心度	内向接近中心度	外向接近中心度
I_1 行政许可手续烦琐	33	14	2.422	57.143	52.459
I_2 政策或制度衔接有空白	16	54	9.131	54.237	66.667
I_3 完善电子废弃物回收登记制度	54	43	31.142	64.000	59.259
I_4 政策奖励环保消费	32	51	12.046	56.637	64.646
I_5 政府建立回收处理激励机制	33	113	20.095	56.140	87.671
I_6 政府完善法律法规	34	35	12.264	58.182	58.716
I_7 环保市场开放度	77	66	51.809	73.563	67.368
I_8 回收处理行业景气度	92	103	127.455	83.117	86.486
I_9 电子电器行业销售收入	25	52	16.938	56.637	65.979
I_{10} 电子电器产品报废量	21	90	29.887	55.652	79.012
I_{11} 资本市场支持	60	40	16.480	66.667	59.813
I_{12} 市场规范程度	87	92	110.095	79.012	78.049
I_{13} 当地优势 (资源与政府支持)	48	66	31.544	61.538	65.979
I_{14} 各省政策标准差异	31	40	10.617	56.140	62.136
I_{15} 各省独立发放牌照	25	25	1.602	55.172	53.782
I_{16} 环保部门监管和规划	45	40	26.521	62.136	62.136
I_{17} 建立园区及示范基地集中治理	51	67	15.623	63.366	65.306
I_{18} 培养及留住专业人才	79	57	13.956	70.330	60.952
I_{19} 整合不同区域资源	86	54	28.965	71.111	63.366
I_{20} 整合官、产、学、研、用等各方资源	80	88	46.137	69.565	72.727
I_{21} 大企业收购成熟企业	49	72	13.709	59.813	69.565
I_{22} 龙头企业推动和引导	71	90	32.864	65.306	78.049
I_{23} 环保机构参与	51	41	27.303	63.366	64.000
I_{24} 项目式合作	63	65	17.084	66.667	70.330
I_{25} 上下游建立长期战略合作关系	51	71	17.949	64.000	69.565
I_{26} 从生产源头降低拆解成本	55	50	14.639	62.136	63.366
I_{27} 向下游高端产品衍生	74	46	10.417	69.565	60.377
I_{28} 将财力、物力、政策投向处理终端	54	50	15.556	65.979	60.952
I_{29} 将环保深入化	96	109	101.649	79.012	81.013
I_{30} 各省环保部门沟通	44	69	37.584	60.377	71.111

续表

影响因素	点入度	点出度	中间中心度	内向接近中心度	外向接近中心度
I_{31} 企业参与制定国家相关标准	33	85	24.566	57.658	77.108
I_{32} 回收处理商与生产、零售商合作	58	52	13.349	65.306	62.745
I_{33} 与消费者建立长期稳定关系	80	44	16.388	68.817	59.259
I_{34} 与超市、学校、政府机关、事业单位、居民小区、公益组织合作	79	38	19.038	71.111	58.716
I_{35} 与国内外同行企业沟通交流与合作	70	97	32.666	71.111	74.419
I_{36} 与知识型机构建立创新联盟	80	77	29.279	72.727	67.368
I_{37} 建立创新资源的合作共享机制	84	56	30.911	74.419	63.366
I_{38} 利用网络信息技术实现信息交互	92	54	37.585	75.294	60.377
I_{39} 以会议和展会促进各方交流	86	70	51.860	75.294	65.979
I_{40} 高层管理者的能力及素质	35	93	21.483	58.182	73.563
I_{41} 企业社会责任及环保责任意识	84	104	50.318	73.563	74.419
I_{42} 回收处理规模化和规范化	93	77	48.615	76.190	68.817
I_{43} 回收处理机械化和智能化	61	38	17.692	68.817	60.952
I_{44} 回收活动向纵深展开	91	59	57.877	80.000	69.565
I_{45} 加大研发投入	79	71	20.757	72.727	64.646
I_{46} 发展综合业务	73	44	23.445	73.563	62.136
I_{47} 企业定期请第三方机构进行检测	51	31	11.119	64.000	58.182
I_{48} 提升系统管理能力	68	47	22.079	69.565	64.000
I_{49} 重视员工素质及待遇	47	36	9.366	62.745	57.658
I_{50} 环境和经济持续发展的目标	88	100	139.293	81.013	86.486
I_{51} 企业坚持循环经济理念	73	82	54.372	73.563	77.108
I_{52} 企业引导消费者参与	66	46	23.853	69.565	62.745
I_{53} 社区物业的环保意识	35	41	16.673	59.259	61.538
I_{54} 消费者思维方式和习惯	45	47	19.428	59.813	63.366
I_{55} 媒体宣传	52	64	45.178	63.366	77.108
I_{56} 政府鼓励生产商做拆解	28	98	14.223	55.652	84.211
I_{57} 政府引导消费者参与	31	31	5.242	57.143	57.143
I_{58} 借鉴国外技术与经验	77	105	85.865	71.910	86.486
I_{59} 积累和提炼实践经验	87	55	35.024	73.563	68.085

续表

影响因素	点入度	点出度	中间中心度	内向接近中心度	外向接近中心度
I_{60} 使用新技术或设备	79	47	28.024	74.419	63.366
I_{61} 探索回收处理模式	80	75	37.610	77.108	71.111
I_{62} 探索新回收渠道	86	70	48.505	78.049	67.368
I_{63} 依托互联网和大数据	98	67	45.245	77.108	65.306
I_{64} 引进或开发新产品	75	51	40.213	71.910	62.745
I_{65} 整合现有技术	84	40	23.374	73.563	59.813
中心势/%	18.921	26.855	2.690	32.380	41.590

1. 点度中心性分析

根据构建的邻接矩阵，可以采用点度中心性中的点入度(indegree)和点出度(outdgree)来分析各个影响因素的中心性，以此表示与该点具有直接连接或相邻连接的连线数和连接强度，如表 3-4 所示。结果显示，①政府建立回收处理激励机制(I_5)、将环保深入化(I_{29})、借鉴国外技术与经验(I_{58})、企业社会责任及环保责任意识(I_{41})、回收处理行业景气度(I_8)、环境和经济持续发展的目标(I_{50})、政府鼓励生产商做拆解(I_{56})、与国内外同行企业沟通交流与合作(I_{35})、高层管理者的能力及素质(I_{40})、市场规范程度(I_{12})、龙头企业推动和引导(I_{22})具有较高的点出度，说明这些因素节点与其他节点关系较紧密，会对其他因素产生直接影响。政策或制度衔接有空白(I_2)、电子电器产品报废量(I_{10})、电子电器行业销售收入(I_9)、各省独立发放牌照(I_{15})、政府鼓励生产商做拆解(I_{56})具有较低的点入度，说明这些因素不易受到其他因素的影响。②网络的内向点度中心势(18.921%)显然小于外向点度中心势(26.855%)，说明网络中输出网络资源的利益相关方比起利用网络资源的利益相关方权力的分布更加不均衡。

2. 中间中心性分析

中间中心度测量的是网络中的一个行动者控制其他行动者的能力。如果一个点的中间中心度为 0，则说明该点处于网络的边缘，不能控制任何行动者；中间中心度越高，说明该点连接两群体的可能性越大，就有越强的控制其他行动者的能力，同时也说明该点更处于网络的核心，拥有更大的权力。如表 3-4 所示，各点中间中心度表明，①环境和经济持续发展的目标(I_{50})、回收处理行业景气度(I_8)、市场规范程度(I_{12})、将环保深入化(I_{29})、借鉴国外技术与经验(I_{58})具有较大的中间中心度，因此，这几个影响因素是其他因素节点的往来枢纽，在网络中处于重要地位，控制资源的能力较强。②中间中心势值为 2.69%，表明网络中存在能够有效控制资源的利益相关方，但是总体而言各个利益相关方控制资源的能力相当，差距不大。

3. 接近中心性分析

点的接近中心度是一种针对不受他人控制的测度，是测量一个行动者独立于其他行动者控制的指标，分为外向接近中心度(outcloseness)和内向接近中心度(incloseness)。根据弗里曼等学者的观点，接近中心度可以用点与点之间的"距离"来测量，如果一个点具有较高的接近中心度，说明该点与网络中所有其他点的"距离"都很短，也说明该点就越不受其他点控制。由表 3-4 可知，①政府建立回收处理激励机制(I_5)、回收处理行业景气度(I_8)、环境和经济持续发展的目标(I_{50})、借鉴国外技术与经验(I_{58})、政府鼓励生产商做拆解(I_{56})等因素具有较高的外向接近中心度，说明这些因素在资源输出上较少依赖其他因素。而政策或制度衔接有空白(I_2)、各省独立发放牌照(I_{15})、政府鼓励生产商做拆解(I_{56})、电子电器产品报废量(I_{10})等因素具有较低的内向接近中心度，说明这些因素在资源输入上的独立性较低。②外向接近中心势(41.59%)和内向接近中心势(32.38%)都较大，说明网络中有接近集中趋势，即网络中存在具有较强控制力的影响因素。

3.3　结 果 讨 论

本书从三个角度分析影响因素节点在网络中的重要性结果，如表 3-5 所示。由于没有考虑到节点之间的交换或交往规模，三种分析结果产生了一些不一致的结果，但总体来看结果相差不大。

表 3-5　三种分析结果对比

指标分析	需要高度关注的影响因素	排名靠后的影响因素
点度中心性分析	政府建立回收处理激励机制、将环保深入化、借鉴国外技术与经验、企业社会责任及环保责任意识、回收处理行业景气度、环境和经济持续发展的目标、政府鼓励生产商做拆解、与国内外同行企业沟通交流与合作、高层管理者的能力及素质、市场规范程度、龙头企业推动和引导	政策或制度衔接有空白、电子电器产品报废量、电子电器行业销售收入、各省独立发放牌照、政府鼓励生产商做拆解
中间中心性分析	环境和经济持续发展的目标、回收处理行业景气度、市场规范程度、将环保深入化、借鉴国外技术与经验	各省独立发放牌照、行政许可手续烦琐、政府引导消费者参与、政策或制度衔接有空白

续表

指标分析	需要高度关注的影响因素	排名靠后的影响因素
接近中心性分析	政府建立回收处理激励机制、回收处理行业景气度、环境和经济持续发展的目标、借鉴国外技术与经验、政府鼓励生产商做拆解	政策或制度衔接有空白、各省独立发放牌照、政府鼓励生产商做拆解、电子电器产品报废量

其中，政府建立回收处理激励机制、回收处理行业的景气度及市场规范程度等因素是电子废弃物产业链回收协同治理的重要外部环境因素，而被大多数学者认为极为重要的政府完善法律法规这一因素在本书研究结果中并未表现出预期的重要性，说明对于电子废弃物回收处理的相关企业来说，政府的激励比法律法规的约束更有效。企业社会责任及环保责任意识、高层管理者的能力及素质、借鉴国外技术与经验是企业内部协同治理的主要驱动力。环境和经济持续发展的目标、政府鼓励生产商做拆解、与国内外同行企业沟通交流与合作则是企业外部协同的引擎。将环保深入化及龙头企业的推动和引导将直接促成电子废弃物产业链回收中各个利益相关者的协同。这说明电子废弃物产业链回收协同治理的关键的确有别于传统产业链的治理。由于电子废弃物回收产业涉及生态环境、关系到人类的长远利益，其产业链协同治理行为由国家行政驱动，因此诸如政策或制度衔接有空白、行政许可手续烦琐、电子电器产品报废量、电子电器行业销售收入、各省独立发放牌照等消极环境都对电子废弃物产业链回收的协同治理影响程度不大。

3.4　本　章　小　结

识别影响电子废弃物产业链回收协同治理的关键要素是采取有效治理手段的基础。因此，探求影响电子废弃物产业链回收中各利益相关者协同治理的关键要素，把握其影响机理，进而因势利导，对于整合各参与方的分散力量和资源，形成协同效应，促进电子废弃物的有效回收具有重要意义。本章在归纳现有研究成果的基础上采用多案例研究方法，辅以扎根理论研究范式的编码技术对电子废弃物回收的实践进行研究，从协同治理层面析出电子废弃物产业链回收治理的影响因素，主要有行政许可手续烦琐、政策或制度衔接有空白、完善电子废弃物回收登记制度、政策奖励环保消费、政府建立回收处理激励机制、政府完善法律法规等 65 个影响因素，经过归纳，形成 9 类影响因素，包括：政策环境、市场氛围、地方规制、产业链整合、产业链延伸、建立关系、企业自治、思想共识、学习和创新。最终，在这 9 类影响因素的基础上构建了电子废弃物产业链回收协同治理影响因素的理论模型。

　　考虑到协同治理的互动性，引入社会网络分析，提出基于社会网络分析的产业链协同治理影响因素分析新方法，进一步分析影响电子废弃物产业链回收协同治理的关键因素及各个因素之间的关联关系，从定量角度界定出值得高度关注的影响因素。

　　但是，对电子废弃物产业链回收协同治理影响因素的研究只能从静态把握有哪些因素影响电子废弃物产业链回收的协同治理，而电子废弃物产业链回收中涉及众多利益相关者，每个利益相关者的行为都是动态变化的，因此整个产业链也是动态变化的。仅仅从静态角度进行研究并不能对电子废弃物产业链回收治理提供全面且有效的建议。因此，第 4 章将从动态视角对电子废弃物产业链回收的协同治理进行研究。

第4章 电子废弃物产业链回收多主体演化机理

本章把电子废弃物产业链回收上多个利益相关者纳入研究体系，从演化博弈理论角度分析电子废弃物产业链回收多主体演化机理，并基于系统动力学对多主体演化趋势及演化驱动力进行模拟，从动态研究视角结合实际总结管理启示。

4.1 多主体协同演化博弈

演化博弈研究参与者的有限理性行为，分析其行为过程之间的稳定性，并判断其行为是否达到了纳什均衡，或者演化稳定策略（evolutionary stable strategy，ESS）。演化博弈理论是多个参与主体在较长时间内，参与主体的每一个策略选择都会存在一个与之相对应的策略收益，以及参与主体选择该策略的比例值，在长时间的动态博弈过程中，每一次博弈中具有较高收益的策略都会取代较低收益的策略，经过如此反复多次的博弈，博弈群体之间最终达到单个博弈群体的相对博弈最大化。本章应用演化博弈理论，旨在厘清电子废弃物产业链回收中多个利益相关者之间的博弈关系，探索影响各利益相关者策略选择的因素。

4.1.1 各参与方的博弈关系

电子废弃物产业链回收中的行为主体主要涉及政府、企业和消费者三个方面。Zoeteman 等(2010)认为，区域性闭环回收可以实现经济效益和生态效益双赢，是电子废弃物回收的高水平状态，因此，本书以区域为研究对象，把政府限定为地方政府、消费者限定为当地消费者，同时考虑到生产者责任延伸制度中明确的产品废弃物回收处理、再处理利用的责任主体，把此处的企业限定为电子电器产品的生产者。另外，为了方便研究，本书假设所有的电子废弃物都是具有回收价值的。

1. 政府与企业之间的博弈

政府是电子废弃物产业链回收中的调控监管者，企业是电子废弃物产业链回收中的执行者。政府与企业之间的博弈关系主要涉及的是生产者责任延伸制度的推广与落实问题。目前我国电子废弃物回收治理的相关法律法规强调生产者责任延伸,但是生产商的末端污染治理责任主要体现为经济责任,即生产商交纳废弃物回收处理基金,而并未真正参与到末端治理的过程中履行其实体责任。政府可以通过完善法规和奖惩机制、加强执法和监督激励企业履行其实体责任,政策法规具有强制性,被普遍认为是影响企业行为的直接有效途径,但是政策法规也具有条文的局限性,难以观测企业的行为,为了有针对性地对企业进行奖惩,政府可以选择对企业进行监管,抽取一部分企业交纳的电子废弃物处理基金奖励环保效果明显的企业,同时惩罚投机取巧的企业。政府要为监管付出一定的成本,但也可以通过监管获得效益,如节约资源、减少污染、优化产业结构等。而如果政府不采取监管手段,就无从得知企业的环保行为是否有效,为了社会及环境效益可能会给予企业适当补贴。因此,对于政府而言,要平衡监管成本与企业创造的回收效益。

2. 政府与消费者之间的博弈

消费者是电子废弃物产业链回收中的实践者,其主要利益要求是获得回收利益、减少环境污染。消费者处于产业链回收的起点,他们对电子废弃物回收处理的态度及其环保意识的高低决定了电子废弃物的回收率,直接关系到电子废弃物回收处理工作能否顺利开展。受经济状况及历史文化等因素的影响,我国消费者对电子废弃物回收考虑更多的是回收所得的经济利益而非环境与社会利益,无偿返还和付费回收在我国并不现实,因此消费者要么将电子废弃物通过非正规途径卖给个体收购者或家庭作坊,要么通过正规途径进行处理。正规回收部门回收手续多,回收地点分布散乱,回收价格也较低,无法吸引广大消费者支持和参与。政府为了保护环境、缓解资源压力、促进电子废弃物回收的产业化,必定会想方设法激励消费者参与到电子废弃物回收活动中,如加大环保宣传和经济激励。因此,对于消费者而言,在比较正规与非正规回收收益的同时,还要考虑政府激励带来的收益。

3. 企业与消费者之间的博弈

作为电子电器产品的最终使用者,消费者在产业链回收中充当电子废弃物的供给方,而生产商却充当需求方,在闭环回收模式中,二者的供需角色相互转换,对电子废弃物回收的态度和行为相互影响。一方面,消费者的环保意识对企业电子废弃物回收的责任履行有一定的约束作用。消费者对环保问题的日益重视使企业不得不从供需层面考虑废弃产品回收处理问题。另一方面,回收服务的便捷度、回收行为的经济回报、回收企业的形象和回收再制造的能力水平在很大程度上影响消费者是否主动退回旧件。从短期来看,生产商加大环保投入不可避免地会带来企业成本增加和经济效益下降，多数企业缺乏对电子废弃物回收处理的动力；从长期来看，生产商在电子废弃物回收及资源的循环再生效率等方面具有明显优势，在废弃物的回收、循环、拆解、再资源化中加大投入，容易形成"资源—产品—废弃物—再生资源"的循环经济发展模式。因此，对于企业而言，不仅要平衡环保投入的经济和时间成本及循环经济带来的效益，还要考虑消费者行为对企业效益的影响。

综上所述，政府在电子废弃物产业链回收中可选择的策略有｛激励消费者参与，监管企业；激励消费者参与，不监管企业｝两种；消费者的策略有｛正规途径；非正规途径｝两种；企业的策略有｛主动加大环保投入；被动交纳回收处理基金｝两种，为方便描述本书将其简写为｛主动投入；被动交纳｝。本书引入概率分布 $(\alpha, 1-\alpha)$ 表示政府在激励消费者通过正规途径处理电子废弃物情况下监管企业和不监管企业的概率，$(\beta, 1-\beta)$ 表示消费者选择正规途径和非正规途径的概率，$(\gamma, 1-\gamma)$ 表示企业选择主动加大环保投入和被动交纳回收处理基金的概率，其中，$0 \leq \alpha, \beta, \gamma \leq 1$。

4.1.2　博弈模型参数与支付矩阵

根据博弈焦点分析，可以确定三方在演化博弈中涉及的主要参数。政府涉及的主要参数为：企业交纳的回收处理基金收入 R_1、监管企业付出的成本 C_1、对积极主动企业的奖励 B_1、对被动无责任感企业的罚金 K、不监管时给企业的补贴 S_1。消费者涉及的主要参数为：通过正规回收途径获得的收益 R_2、通过正规回收途径获得的政府补贴 S_2、通过正规回收途径花费的(时间、交通等)成本 C_2、通过正规回收途径为主动加大环保投入的企业带来的间接效益 I、通过非正规回收途径获得的收益 R_2'、通过非正规途径对环境造成的损害 S_2'。企业涉及的主要参数为：交纳的回收处理基金 R_1、环保投入成本 C_3(假设其中给予消费者的补贴为 I')、长期获得的循环经济效益 R_3、被动交纳回收处理基金获得的短期经济效益 R_3'、表现良好获得的奖励 B_1、投机取巧遭受的罚金 K、获得的政府补贴 S_1。

根据利益最大化原则，可分别列出政府监管企业和不监管企业情形下的三方博弈支付矩阵，结果如表 4-1 和表 4-2 所示。每一个表格中的第一个函数项表示政府的收益，第二个函数项表示消费者的收益，第三个函数项表示企业的收益。

表 4-1　政府对企业采取监管策略(α)情况下三方博弈支付收益矩阵

		企业	
		主动投入(γ)	被动交纳($1-\gamma$)
消费者	正规途径(β)	$(R_1-C_1-B_1-S_2;\ R_2-C_2+S_2+I';\ R_3-C_3-R_1+B_1+I)$	$(R_1-C_1+K-S_2;\ R_2-C_2+S_2;\ R_3'-R_1-K)$
	非正规途径($1-\beta$)	$(R_1-C_1-B_1;\ R_2'-S_2';\ R_3-C_3-R_1+B_1)$	$(R_1-C_1+K;\ R_2'-S_2';\ R_3'-R_1-K)$

表 4-2　政府对企业采取不监管 $(1-\alpha)$ 策略情况下三方博弈支付收益矩阵

		企业	
		主动投入 (γ)	被动交纳 $(1-\gamma)$
消费者	正规途径 (β)	$(R_1-S_1-S_2;\ R_2-C_2+S_2+I'\ ;\ R_3-C_3-R_1+S_1+I)$	$(R_1-S_1-S_2;\ R_2-C_2+S_2;\ R_3'-R_1+S_1)$
	非正规途径 $(1-\beta)$	$(R_1-S_1;\ R_2'-S_2'\ ;\ R_3-C_3-R_1+S_1)$	$(R_1-S_1;\ R_2'-S_2'\ ;\ R_3'-R_1+S_1)$

4.1.3　多主体博弈的动态复制方程

本章用 u_{ij} 表示第 i 个参与主体选择 j 策略时的收益，其中，$i=g, c, e$，分别表示政府、消费者、企业；$j=1, 2$，分别表示主体的第一种策略和第二种策略。例如，u_{g1} 表示政府选择监管企业时的收益；u_{g2} 表示政府选择不监管企业时的收益。

根据支付矩阵可计算出政府选择监管企业的期望收益函数为

$$
\begin{aligned}
u_{g1} &= \beta\gamma(R_1-C_1-B_1-S_2)+\beta(1-\gamma)(R_1-C_1+K-S_2)+(1-\beta)\gamma(R_1-C_1-B_1) \\
&\quad +(1-\beta)(1-\gamma)(R_1-C_1+K) \\
&= R_1+K-C_1-\gamma(B_1+K)-\beta S_2
\end{aligned} \tag{4-1}
$$

政府选择不监管企业的期望收益函数为

$$
\begin{aligned}
u_{g2} &= \beta\gamma(R_1-S_1-S_2)+\beta(1-\gamma)(R_1-S_1-S_2)+(1-\beta)\gamma(R_1-S_1)+(1-\beta)(1-\gamma)(R_1-S_1) \\
&= R_1-S_1-\beta S_2
\end{aligned} \tag{4-2}
$$

政府的平均期望收益为

$$
\overline{u_g}=\alpha u_{g1}+(1-\alpha)u_{g2}
$$

根据式 (4-1) 和式 (4-2) 可得政府选择监管企业的复制动态微分方程为

$$
\frac{\mathrm{d}\alpha}{\mathrm{d}t}=\alpha\left(u_{g1}-\overline{u_g}\right)=\alpha(1-\alpha)\left(u_{g1}-u_{g2}\right)=\alpha(1-\alpha)\left[K+S_1-C_1-\gamma(B_1+K)\right] \tag{4-3}
$$

同理可得，消费者通过正规途径处理电子废弃物的期望收益函数为

$$
\begin{aligned}
u_{c1} &= \alpha\gamma(R_2-C_2+S_2+I')+\alpha(1-\gamma)(R_2-C_2+S_2)+(1-\alpha)\gamma(R_2-C_2+S_2+I') \\
&\quad +(1-\alpha)(1-\gamma)(R_2-C_2+S_2) \\
&= R_2+S_2-C_2+\gamma I'
\end{aligned} \tag{4-4}
$$

消费者通过非正规途径处理电子废弃物的期望收益函数为

$$u_{c2} = R_2' - S_2' \tag{4-5}$$

根据式(4-4)和式(4-5)可得消费者选择正规回收途径的复制动态微分方程为

$$\frac{\mathrm{d}\beta}{\mathrm{d}t} = \beta\left(u_{c1} - \overline{u_c}\right) = \beta(1-\beta)(u_{c1} - u_{c2}) = \beta(1-\beta)\left[R_2 + S_2 + S_2' + \gamma I' - C_2 - R_2'\right] \tag{4-6}$$

企业选择主动加大环保投入的期望收益函数为

$$\begin{aligned}
u_{e1} &= \alpha\beta(R_3 - C_3 - R_1 + B_1 + I) + \alpha(1-\beta)(R_3 - C_3 - R_1 + B_1) + (1-\alpha)\beta(R_3 - C_3 - R_1 + S_1 + I) \\
&\quad + (1-\alpha)(1-\beta)(R_3 - C_3 - R_1 + S_1) \\
&= \alpha(B_1 - S_1) + \beta I + R_3 + S_1 - R_1 - C_3
\end{aligned} \tag{4-7}$$

企业选择被动交纳回收处理基金的期望收益函数为

$$\begin{aligned}
u_{e2} &= \alpha\beta(R_3' - R_1 - K) + \alpha(1-\beta)(R_3' - R_1 - K) + (1-\alpha)\beta(R_3' - R_1 + S_1) \\
&\quad + (1-\alpha)(1-\beta)(R_3' - R_1 + S_1) \\
&= R_3' + S_1 - R_1 - \alpha(S_1 + K)
\end{aligned} \tag{4-8}$$

根据式(4-7)和式(4-8)可得企业选择主动加大环保投入策略的复制动态微分方程为

$$\frac{\mathrm{d}\gamma}{\mathrm{d}t} = \gamma(u_{e1} - \overline{u_e}) = \gamma(1-\gamma)(u_{e1} - u_{e2}) = \gamma(1-\gamma)[R_3 - C_3 - R_3' + \alpha(B_1 + K) + \beta I] \tag{4-9}$$

在电子废弃物产业链回收中，政府、消费者和企业的复制动态方程涉及不同策略组合的收益、不同策略的比例分布，并且相关参数众多，难以通过分析雅克比矩阵判断特征值的稳定性分析方法获得解析解，因此通过数理分析无法得出不同利益相关者的稳定策略。为了更好地描述政府、消费者和企业之间协同演化所能达到的均衡状态，本书采用系统动力学仿真工具建立三方的演化博弈模型，研究三方的策略稳定情况，以及改变相关参数情况下期望收益的变化，从而判断影响电子废弃物回收的最相关因素，分析探寻能够使电子废弃物产业链回收平稳高效运行的方法和措施。

4.2 多主体协同演化仿真

4.2.1 基于系统动力学的演化博弈模型

本章运用 Vensim 软件，根据演化博弈分析构建系统动力学模型。

　　第一，由三方博弈焦点分析及支付矩阵确定系统涉及的主要变量，包括：政府选择监管的概率 α、企业交纳的回收处理基金收入 R_1、监管企业付出的成本 C_1、对积极主动企业的奖励 B_1、对被动无责任感企业的罚金 K、不监管时给企业的补贴 S_1、监管的期望收益 u_{g1}、不监管的期望收益 u_{g2}；消费者选择正规回收途径的概率 β、通过正规回收途径获得的收益 R_2、通过正规回收途径获得的政府补贴 S_2、通过正规回收途径花费的(时间、交通等)成本 C_2、通过正规回收途径为主动加大环保投入的企业带来的间接效益 I、通过非正规回收途径获得的收益 R_2'、通过非正规途径对环境造成的损害 S_2'、消费者选择正规回收途径的期望收益 u_{c1}、消费者选择非正规回收途径的期望收益 u_{c2}；企业选择主动加大环保投入的概率 γ、交纳的回收处理基金 R_1、环保投入成本 C_3(其中给予消费者的补贴为 I')、长期获得的循环经济效益 R_3、被动交纳回收处理基金获得的短期经济效益 R_3'、表现良好获得的奖励 B_1、投机取巧遭受的罚金 K、获得的政府补贴 S_1、主动加大环保投入的期望收益 u_{e1}、被动交纳回收处理基金的期望收益 u_{e2}。根据变量之间的联系画出因果回路图。

　　第二，在因果回路图的基础上进一步区分变量(参数)的性质，画出存量流量图，其中 α、β、γ 代表存量，分别是三个速率变量：政府监管变化率、消费者通过正规途径处理电子废弃物的变化率、企业主动加大环保投入变化率对时间的积分；u_{g1}、u_{g2}、u_{c1}、u_{c2}、u_{e1}、u_{e2} 为六个中间变量；R_1、C_1、B_1、K、S_1、R_2、C_2、S_2、I、I'、R_2'、S_2'、R_3、C_3、R_3' 为系统边界以外的变化因素，称为外生变量。

　　第三，根据式(4-1)～式(4-9)写出模型中变量的关系式和方程，其中 $\dfrac{\mathrm{d}\alpha}{\mathrm{d}t}$、$\dfrac{\mathrm{d}\beta}{\mathrm{d}t}$、$\dfrac{\mathrm{d}\gamma}{\mathrm{d}t}$ 分别代表政府监管的变化率、消费者选择正规途径处理电子废弃物的变化率、企业选择主动加大环保投入的变化率，根据九个方程式可以清楚描述出存量与速率变量、中间变量与存量、中间变量与外生变量之间的函数关系。

　　第四，结合实际情况给外生变量赋初值。本书假设所有外生变量均为正数，同时考虑到电子废弃物产业链回收具有公共物品性质，需要成本且不能在短期内带来直接的收益，因此，政府、企业、消费者在初始时期的期望收益值可能为负。因此，对外生变量赋如下初始值：$R_1=40$、$C_1=20$、$K=25$、$S_1=18$、$B_1=25$、$R_2=10$、$C_2=8$、$S_2=15$、$I=13$、$I'=12$、$R_2'=30$、$S_2'=18$、$R_3=65$、$C_3=28$、$R_3'=46$，最终形成如图 4-1 所示的三方演化博弈系统的系统动力学仿真模型，图中箭尾与方程中的自变量相连，箭头与因变量相连。

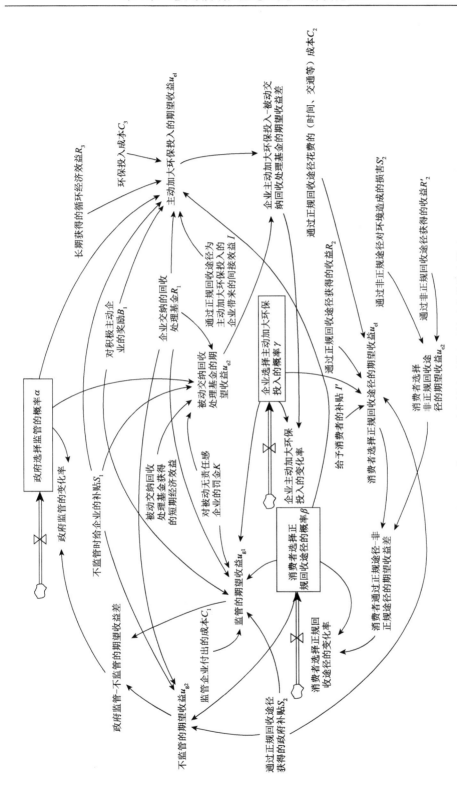

图 4-1　政府、消费者、企业演化博弈系统的系统动力学仿真模型

本章所有仿真值的选取均出于考虑各个相关因素的改变对政府、消费者、企业三者策略选择的敏感性分析，因此每个仿真值并不代表现实电子废弃物产业链回收中各方的支付或收益值，对不同的电子废弃物产业链回收可以根据实际实施情况赋值。

4.2.2　纯策略博弈仿真分析

通过演化博弈均衡分析可知政府、消费者和企业之间会达到一个演化均衡，但是通过演化博弈分析模型并不能明晰达到均衡的原因和过程，不能明确均衡是否唯一和稳定。即使在某一种情境下达到均衡状态，系统也会受到来自内部和外部各种不确定性因素的影响，最终博弈均衡状态很可能会被打破。基于上述假设值及变量之间的方程，利用系统动力学的建模仿真方法，使用 Vensim 软件对三方之间的动态博弈进行仿真。在仿真过程中，设置模拟周期为 200，INITIAL TIME=0，FINAL TIME=200，TIME STEP=0.5，并以三个主体的策略概率作为主要的衡量指标，从而对电子废弃物产业链回收中的相关影响因素进行分析。

当电子废弃物产业链回收中三方博弈主体的初始值均为某种纯策略时，参与主体的策略选择均有 0 和 1 两种，即(0, 0, 0)，(1, 0, 0)，(1, 1, 0)，(0, 1, 0)，(0, 1, 1)，(1, 1, 1)，(1, 0, 1)，(0, 0, 1)这八种策略组合，通过软件进行模拟，可知，当三方初始状态均为纯战略时，系统中没有任何一方愿意改变当前状态来打破平衡。然而这些均衡状态并不是稳定的，一旦这三方做出微小改变，均衡状态就会被打破。为了把握三方的演化状态，本书让各方做出微小改变，以策略(0, 0, 0)为例，本章令其模拟初始值为(0.01, 0.01, 0.01)，同理对于(1, 1, 1)策略，本书令其模拟初始值为(0.99, 0.99, 0.99)，并根据政府的初始策略选择分两种情境进行分析。

情境 1：政府初始策略为选择不监管，即政府在初始状态下有极小的监管意愿。

在这种情况下，政府、消费者、企业有四种初始策略组合，经过演化之后，四种策略组合下三方主体的策略演化路径如图 4-2～图 4-5 所示。由图 4-2～图 4-5 可知，四种策略中的政府都在 0 处(选择不监管策略)达到稳定，消费者都在 1 处(选择正规回收途径)达到稳定，企业也都在 1 处(选择主动加大环保投入)达到稳定。

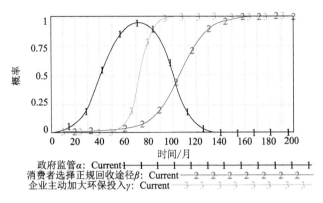

图 4-2 初始策略为(0, 0, 0)的演化路径

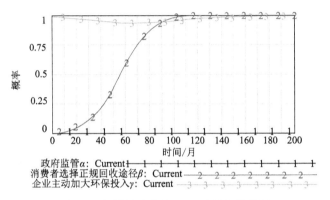

图 4-3 初始策略为(0, 0, 1)的演化路径

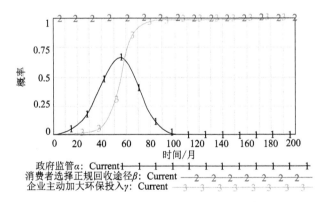

图 4-4 初始策略为(0, 1, 0)的演化路径

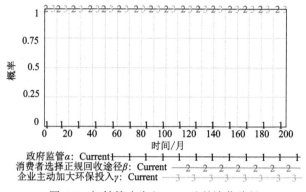

图 4-5　初始策略为 (0，1，1) 的演化路径

对比图 4-2 和图 4-3 (或图 4-4 和图 4-5) 可知，当企业的初始策略不同时，政府的策略演化路径有很大差异，消费者达到稳定策略的历经时长也有很大不同。当企业最初采取被动策略时 (如图 4-2 或图 4-4)，政府选择监管的意愿会迅速提升，当其监管意愿达到最高点时，企业选择主动加大环保投入的可能性急剧上升，而当政府监管意愿逐渐降低时，企业采取主动策略的意愿仍然逐渐增强直至在主动策略处达到稳定，同时政府也向不监管策略趋近直至稳定。对比图 4-2 和图 4-4 可知，消费者初始时刻选择正规回收途径的意愿越强烈，政府就越早在不监管处达到稳定，而企业策略演化路径大体一致，可以理解为当消费者有较强的环保意识时，政府选择让消费者承担"监管人"的角色，而自身则退出监管，以期实现消费者和企业的良性互动。当企业最初采取被动策略时 (如图 4-3 或图 4-5)，虽然政府一直采取不监管策略，但是企业的策略演化路径却大不相同，说明消费者对企业的策略选择有较大的影响。对比图 4-3 和图 4-5 可知，当消费者选择正规回收途径的意愿很强烈时，企业也会选择主动加大环保投入。但是当消费者初始策略为选择非正规回收途径时，企业选择主动加大环保投入的意愿降低，而随着消费者选择正规回收途径意愿的增强，企业也逐渐向主动策略回升。可以理解为随着消费者环保意识的增强，他们会更青睐于环保产品，并且会通过正规途径处理电子废弃物，推动闭环产业链的形成，企业为顺应消费者需求，也更倾向于主动加大环保投入。

结论 4-1　在政府初始监管意愿极低的情况下，三方主体最终会在 (0，1，1) 即 (政府选择不监管，消费者选择正规回收途径，企业选择主动加大环保投入) 处达到均衡。在企业最初选择被动交纳回收处理基金的情况下，政府历经"不监管—监管—不监管"的策略演化路径，企业历经"被动—主动性急剧提升—主动"的策略演化路径，政府对企业的影响具有时滞性。消费者环保意识提高可以辅助政府发挥"监管人"作用，驱使企业主动加大环保投入。

情境 2：政府初始策略为选择监管，即政府在初始状态下有强烈的监管意愿。

在这种情况下，政府、消费者、企业也有四种初始策略组合，经过演化之后，四种策略组合下三方主体的策略演化路径如图 4-6～图 4-9 所示。由图 4-6～图 4-9 可知，三方主体也在 (0，1，1) 处达到稳定，但是各方策略演化路径与情境 1 相比更为简单明了。

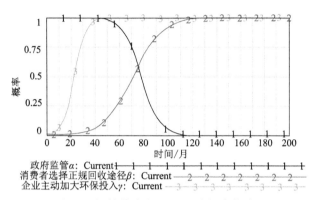

图 4-6　初始策略为 (1，0，0) 的演化路径

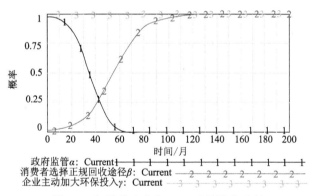

图 4-7　初始策略为 (1，0，1) 的演化路径

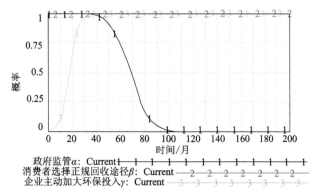

图 4-8　初始策略为 (1，1，0) 的演化路径

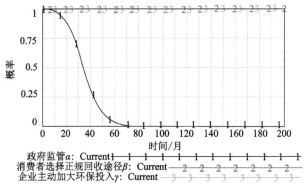

图 4-9　初始策略为(1，1，1)的演化路径

对比图 4-6 和图 4-7(或图 4-8 和图 4-9)可知，虽然企业的初始策略不同，但是经过一段时间的演化，两图中三方主体的策略演化路径基本达到一致，只是达到演化稳定的时长略有差异。当企业最初采取被动策略时(如图 4-6 或图 4-8)，政府一直采取监管策略，而一旦企业在政府的监管下向主动策略转变直到完全采取主动策略，政府监管意愿就会逐渐降低，直至在不监管策略下达到稳定。对比图 4-6 和图 4-8 可知，在政府初始就选择监管的情境下，消费者初始策略选择正规回收途径，企业就越早在主动策略处达到稳定，而对政府的策略选择及演化路径几乎无影响，可以理解为当消费者有较强的环保意识时，企业在激烈的市场竞争环境压力及消费者环保需求的牵引下会尽快主动加大环保投入，而政府在发挥其监管作用之后则抽身而出。当企业最初采取主动策略时(如图 4-7 或图 4-9)，就会一直采取主动策略，同时政府选择监管的意愿逐渐降低，直至在不监管处达到稳定。图 4-7 和图 4-9 再次印证了消费者的策略选择对政府的策略演化路径并无多大影响。可以理解为在有政府约束情况下，企业受政府影响更大，而消费者只是起到辅助政府的作用。

结论 4-2　在政府初始监管意愿较强烈的情况下，三方主体最终也会在(0，1，1)即(政府选择不监管，消费者选择正规回收途径，企业选择主动加大环保投入)处达到均衡。在企业最初选择被动交纳回收处理基金的情况下，政府遵循"监管—不监管"的策略演化路径，企业遵循"被动—主动"的策略演化路径。三者的策略演化路径简单，具有单调性，达到稳定状态历时较短。

4.2.3　主要影响因素仿真分析

通过各主体策略选择的演化仿真分析可以梳理出政府、消费者、企业三者之间策略选择的相互影响，但是各个主体的策略选择不仅受到系统间的影响，也会受到系统内部要素的影响。为了进一步探讨各主体策略选择对外生变量的敏感程度，即外生变量对不同主体策略选择影响的大小，本章将改变各个外生变量的初始值，模拟其对主体策略选择的影响，从而找出主体演化的关键驱动力。考虑到不同策略组合最终演化稳定状态是一致的，为方便研究，本章仅选取初始策略组合$(1, 0, 0)$为仿真对象。通过改变外生变量的数值，可知单独改变R_1和I对三个主体的策略选择无影响，而单独改变S_1、R_2、C_2、S_2、I'、R_2'、S_2'仅对一个主体的策略选择有明显影响，单独改变C_1、B_1、K、R_3、C_3、R_3'对三个主体的策略选择均有显著影响。三个主体的策略选择协同影响具有相当的复杂性，因此本书选取C_1、B_1、K、R_3、C_3、R_3'这六个变量进行详细分析。

情境3：政府监管企业付出的成本C_1发生变化。

政府监管企业付出的成本是政府是否选择监管策略需要考虑的必要因素。如果监管企业付出的成本大于或远远超过了监管所能获得的收益，那么政府会慎重考虑是否实施监管。如图4-10所示，随着C_1的增加，政府趋于不监管策略的用时越短，并且C_1在一定限度内不会影响消费者和企业的策略选择及其演化路径。然而当C_1增加到一定程度后，消费者趋于正规回收途径策略历时过长，甚至最终不能在正规回收途径达到稳定，同样，企业最终的策略选择也有较大波动，无法在主动策略处达到稳定，甚至最终会趋于被动策略。因此，如果政府选择监管企业，必须要把监管成本控制在一定限度内，一旦超过该限度，虽然政府会在后期由于监管成本负担过重而放弃监管，但是初始付出的监管成本仍然无从收回，就有可能造成消费者选择非正规回收途径、企业选择被动交纳回收处理基金的不良状态。

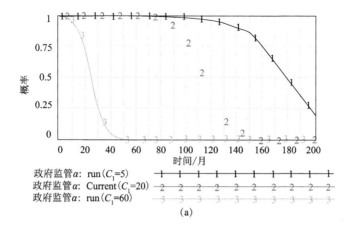

(a)

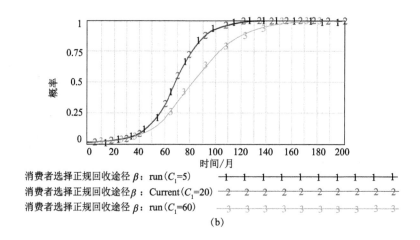

消费者选择正规回收途径 β：run(C_1=5) —1—1—1—1—1—1—1—1—1—1—1
消费者选择正规回收途径 β：Current(C_1=20) —2—2—2—2—2—2—2—2—2—2—2
消费者选择正规回收途径 β：run(C_1=60) —3—3—3—3—3—3—3—3—3—3—3

(b)

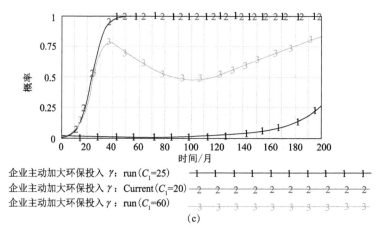

企业主动加大环保投入 γ：run(C_1=25) —1—1—1—1—1—1—1—1—1—1—1
企业主动加大环保投入 γ：Current(C_1=20) —2—2—2—2—2—2—2—2—2—2—2
企业主动加大环保投入 γ：run(C_1=60) —3—3—3—3—3—3—3—3—3—3—3

(c)

图 4-10　不同监管成本下各主体(政府、消费者、企业)策略选择演化路径

结论 4-3　当政府监管成本在一定限度内变动时，仅仅会影响政府的策略选择，而对消费者和企业策略无影响，但监管成本过高不利于系统达到演化稳定。

情境 4：政府对积极主动企业的奖励 B_1 发生变化。

政府对积极主动的企业进行奖励是激励企业实施生产者责任延伸制度的重要手段。如果奖励制度不合理，会导致电子废弃物产业链回收的治理过分依赖国家财政支撑，无法充分调动企业和消费者的主动性。如图 4-11 所示，当政府不给企业任何奖励时(B_1=0)，相当于间接减少了政府的监管成本，因此政府会选择监管策略。同时，消费者会选择正规回收途径，企业也会在主动加大环保投入处达到稳定，因为虽然没有奖金激励，但是企业也会考虑可能受到的惩罚。随着政府给予企业奖励的增加，政府监管意愿逐渐降低，当奖励增加到一定值，政府策略在不监管处达到稳定，而消费者和企业的最终策略并未发生改变，只是达到演化稳定的状态历时更短。

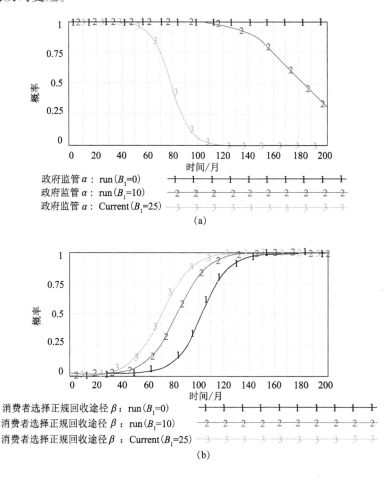

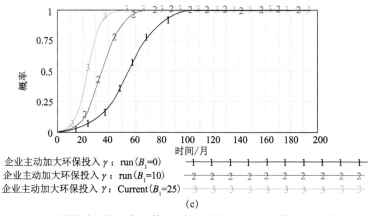

图 4-11　不同奖励程度下各主体(政府、消费者、企业)策略选择演化路径

结论4-4　当政府没有奖励支出时，会更倾向于选择监管策略，而随着奖励支出增加，政府选择不监管策略的意愿逐渐增强。政府对企业奖励的多少对消费者和企业的策略演化趋势无显著影响，但是可以有效缩短各方策略达到稳定的时间。

情境5：政府对投机取巧企业的罚金 K 发生变化。

政府对投机取巧的企业采取一定惩罚手段对推动企业参与电子废弃物回收处理、形成以生产者为主体的电子废弃物回收处理体系具有深远意义。如果惩罚力度不足，可能不能让企业明晰电子废弃物回收的重要性，从而间接向消费者传递一种"政府不够重视"的假象。如图4-12所示，当政府不对企业进行任何惩罚时（$K=0$），相当于政府监管带来的直接利益减少，因此政府最终选择不监管。而消费者仍然选择正规回收策略，企业也仍然选择主动策略，这是因为政府并未同时取消给予奖励的激励手段，而一旦奖励程度也下降，消费者和企业的选择意愿会显著改变，向0处偏移。随着惩罚力度增加，政府越早选择不监管，而消费者和企业也会更快达到稳定均衡状态，并且企业的策略选择对惩罚力度更为敏感，即惩罚力度对企业的策略选择有更强的影响。

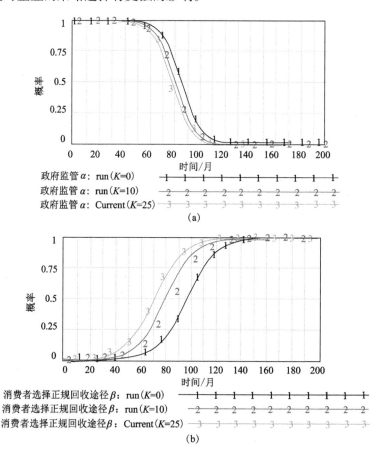

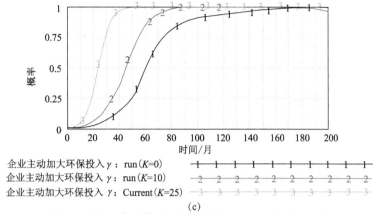

企业主动加大环保投入 γ：run($K=0$)
企业主动加大环保投入 γ：run($K=10$)
企业主动加大环保投入 γ：Current($K=25$)

(c)

图 4-12　不同惩罚力度下各主体(政府、消费者、企业)策略选择演化路径

结论 4-5　政府对企业的惩罚力度越大，就越早选择不监管策略。缺乏有力的惩罚机制可能会导致企业缺乏约束与引导，使其选择被动策略，从而间接影响消费者选择不利于系统稳定的非正规回收策略，而稍微加大惩罚力度就可以迅速引导企业选择主动策略。

情境 6：企业长期获得的循环经济效益 R_3 发生变化。

企业主动加大环保投入带来的长期循环经济效益是影响企业策略选择的重要因素。对于寻求可持续发展的企业来说，潜在可观的循环经济效益是其选择加大环保投入的主要动力。如图 4-13 所示，当主动加大环保投入带来的循环经济效益较低时，政府选择监管企业，因为此时较低的循环经济效益无法调动企业的主动性，企业的被动态度使其无意吸引消费者选择正规回收途径，因而消费者选择正规回收途径的概率降低。随着循环经济效益的增加，企业迅速选择主动策略，与此同时消费者也很快在选择正规回收途径处达到稳定、政府逐渐放手监管策略。

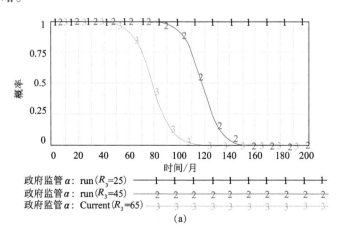

政府监管 α：run($R_3=25$)
政府监管 α：run($R_3=45$)
政府监管 α：Current($R_3=65$)

(a)

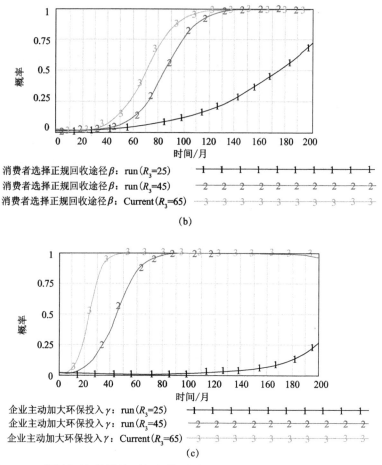

图 4-13 不同循环经济效益下各主体(政府、消费者、企业)策略选择演化路径

结论 4-6 循环经济效益的高低对政府、消费者和企业的策略选择都有很大的影响,不仅会影响策略演化的时间,也会影响选择何种策略。

情境 7:企业环保投入成本 C_3 发生变化。

以生产者责任延伸制度为指导,建立闭环的电子废弃物产业链回收,除了需要法规的威慑,还需要提升企业主动参与回收的积极性。在生产者责任延伸制度下,生产商对电子废弃物的回收有自己回收、委托零售商回收、委托第三方回收等三种模式,无论哪一种模式都要投入大量的回收成本。因此,对企业而言,履行生产者责任延伸制度的实体责任是一个耗资巨大、牵涉较广,需要人、财、物紧密配合的系统工程,企业作为履行实体责任的主体,选择主动加大环保投入的成本越大,企业越不希望采取主动策略。如图 4-14 所示,当成本在较小范围内变动时,对政府、消费者和企业的策略演化路径影响较小,而当成本很大时(与长期获得的循环经济效益相等),企业和消费者都开始向 0 处倾斜,而政府为了营造良好的社会及生态环境，不得不通过监管继续向企业施压。

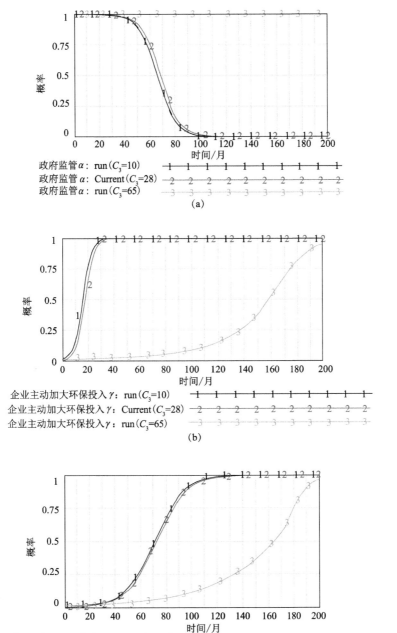

图 4-14　不同环保投入成本下各主体(政府、消费者、企业)策略选择演化路径

结论 4-7　企业的策略选择对主动加大环保投入所付出的成本相当敏感,尤其是当成本增加到一定值时,即使有政府监管企业也会选择放弃主动策略,而消费者受到企业消极行为的影响也会降低选择正规回收途径的意愿。

情境 8:企业获得的短期经济效益 R_3' 发生变化。

企业不主动加大环保投入在短期内可以节省一部分资金,将本可以用于购置环保设备、引进环保技术的资金投入到提高企业竞争力的其他方面,从而创造短期可观的经济效益,但是这种做法并不符合国家大力推进生态文明建设的大趋势。对以获取经济效益为主要目标的企业来说,短期经济效益的多少不可避免会影响企业对环保投入的态度,从而间接影响政府和消费者的策略选择。如图 4-15 所示,当短期经济效益较小时,企业会在较短时间内选择主动加大环保投入以获得更多的长期循环经济效益,消费者在企业的带动下也会在短期内选择正规回收途径,政府则会逐渐向不监管处偏移。而当短期经济效益与长期的循环经济效益相等时($R_3' = R_3 = 65$),企业仍然会选择主动加大环保投入,因为企业的环保意识会为其赢得声誉,从而吸引更多消费者,但是当短期经济效益更大时,企业则会屈从于短期利润,放弃环保投入,从而对整个系统的稳定造成一定的干扰,拖延系统达到稳定状态的进程。

结论 4-8　企业被动策略下获得的短期经济效益越少,三方达到稳定均衡状态的历时越短。过高的短期经济效益会使企业在最初选择被动策略,但是随着时间的推进,政府监管和消费者环保行为的影响日益凸显,企业选择主动加大环保投入的动力增强。

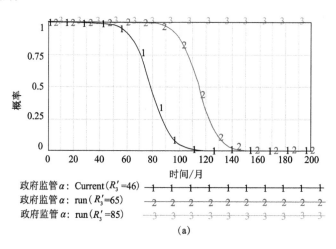

(a)

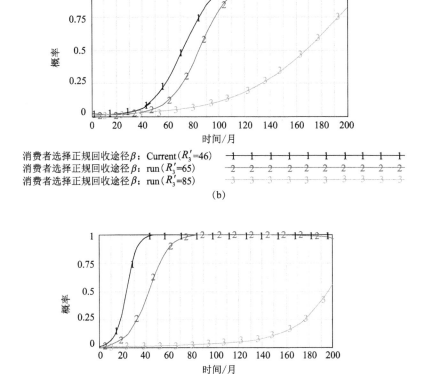

消费者选择正规回收途径 β：Current $(R_3'=46)$
消费者选择正规回收途径 β：run $(R_3'=65)$
消费者选择正规回收途径 β：run $(R_3'=85)$

(b)

企业主动加大环保投入 γ：Current $(R_3'=46)$
企业主动加大环保投入 γ：run $(R_3'=65)$
企业主动加大环保投入 γ：run $(R_3'=85)$

(c)

图 4-15　不同短期收益下各主体(政府、消费者、企业)策略选择演化路径

4.3　研究结论及启示

在电子废弃物产业链回收治理过程中，政府、消费者和企业是主要的利益相关者，三者不断进行交易与协调，以实现合理的利益让渡和责任分担，并达到对各方都有利的稳定状态。为了进一步研究三方在电子废弃物产业链回收中协调演化的驱动因素，本书筛选出六个对三方策略演化均有显著影响的因素，并通过改变各个因素数值的大小，分析三方策略演化路径的变化。仿真结果表明以下几点。

第一，无论政府、消费者、企业的初始策略为何，经过一个不断博弈的过程，三方最终会在(政府不监管，消费者选择正规回收途径，企业主动加大环保投入)处达到稳定均衡，但是政府在初期选择监管策略会使各方的策略演化路径更简单直接。

第二，在多主体演化博弈过程中，政府、消费者和企业分别充当系统演化引导者、辅助者和推动者角色。政府的最初策略会决定企业的策略演化路径，并且政府对企业的影响具有滞后效应；消费者环保意识的提升使消费者主动承担"监管人"角色，辅助政府促进企业向积极策略演化；而企业的初始策略又会影响政府的策略选择，同时也会加速或减缓消费者达到演化稳定，从而形成"政府引导+消费者辅助 ⇔ 企业推动"的相互作用，推动系统演化。

第三，政府的监管成本、给予企业的奖励、对企业的罚金，以及企业获得的循环经济效益、采取主动策略付出的成本、短期获得的经济效益是系统演化的主要驱动力。其中，政府的监管成本和给予企业的奖励直接影响政府的策略选择，从而间接影响消费者和企业的演化路径，而政府对企业的罚金虽然对政府的策略选择影响较小，但是对企业的策略选择却有很大影响；企业获得的循环经济效益、主动加大环保投入的成本和短期获得的经济效益都会直接影响企业的策略选择，进而影响政府和消费者的策略演化路径。

研究表明：①在电子废弃物产业链回收治理初期，政府对企业宜采取强硬手段，实施监管策略，并以惩罚为主、奖励为辅。加强电子废弃物回收立法体系建设，加快电子废弃物回收专项法律法规建设进程，提高执法的规范性和严格性，明确企业及消费者责任，加大对违规企业的惩罚力度，同时对表现良好的企业给予适度奖励，以法律的强制性约束企业的行为、匡正消费者的态度。②在电子废弃物产业链回收治理中后期，政府对企业宜采取缓和手段，逐渐淡出监管策略，并将监管意识转移给消费者。加强对电子废弃物回收处理的财政和税收政策倾斜，提高企业对长期循环经济效益的预期。③在电子废弃物产业链回收治理全程，政府都应以强化消费者和企业的环保意识为重点。对于企业，要以强化社会意识为重点，通过产业政策引导，加强产业链上下游企业对生产商的环保约束，促进生产商在环保压力的约束下主动加大环保投入，提升对电子废弃物回收处理的自主性；对于消费者，政府应运用媒体宣传优势，加强对消费者节能环保意识的引导，包括选购环保产品、节约并延长产品使用、废弃产品合理处置等，同时做好回收基础设施建设以加强消费者回收的便捷性和经济性，并整治非正规回收小作坊使其向正规途径转化，做到引导消费者走正规回收途径与阻断非正规途径"两手抓"。

4.4　本　章　小　结

本章从利益主体协同演化视角，构建了电子废弃物产业链回收中多主体的协同演化博弈模型，然后在 Vensim 平台上进行仿真模拟，研究多主体演化均衡状态及演化驱动因素。仿真结果表明：电子废弃物产业链回收中三方主体最终在(政府不监管，消费者选择正规回收途径，企业主动加大环保投入)处达到稳定均衡状态；政府、消费者和企业在电子废弃物产业链回收中分别充当系统演化的引导者、辅助者和推动者；政府的监管成本及政府对企业的奖惩力度，企业获得的长期循环经济效益、成本和短期经济效益等因素是系统演化的主要驱动力。

　　本章已对电子废弃物产业链回收中多主体的演化博弈进行了仿真分析，明晰了电子废弃物产业链回收的稳定均衡状态及各个利益相关者在产业链回收中扮演的角色，并从时间维度提出不同阶段的治理对策，但是并未形成系统的治理体系。第 5 章将基于社会资本理论，对电子废弃物产业链回收的治理对策作进一步的梳理，以期形成完善的治理机制。

第5章　电子废弃物产业链回收治理方式

本章主要从纵向对电子废弃物产业链回收进行分析，产业链纵向关系治理指的是为完成产业链上下游之间交易而形成的纵向环节之间的组织关系和制度安排，这种治理方式影响着上下游企业之间物质、信息和能量的流动。对电子废弃物产业链回收而言，从制造商到销售商再到消费者，最后经过第三方物流或回收处理商回收产品是一条主要的电子废弃物纵向产业链。该产业链涉及的主要利益相关者有：制造商、销售商、消费者、回收处理商、第三方物流等。此外，政府部门在调整产业结构、引导企业发展及对企业进行监管等方面发挥着不可替代的作用，也是产业链中重点分析的对象。

5.1　电子废弃物产业链回收的社会资本分析

根据第2章的理论基础，本节从社会资本的信任与合作、互惠规范和公民参与网络三个要素的角度对电子废弃物产业链回收的社会资本进行分析。

5.1.1　信任与合作

社会资本最重要的表现形式是信任，信任是社会资本必不可少的一部分。信任不仅可以拉近人们之间的距离，还能作为一种减少社会交往复杂性的机制，增加社会个体行为的复杂性。在社会交往中，信任度越高，合作的概率就越大。同时，社会资本的发展离不开人与人之间的信任，社会的团结与稳定也离不开信任。

从社会资本的角度看，电子废弃物产业链中各主体也存在着信任危机，这严重阻碍了产业链的发展。比如，制造商为获得更高的利润向零售商抬高价格，销售商为争取自己的利益而向制造商压低价格，这样一来两者就互相不信任，怀疑甚至减少合作，销售商与消费者也是如此。政府与制造商、制造商与第三方物流、政府与公民等主体之间也缺乏这种信任，这种信任的缺乏使我国电子废弃物产业链的各主体之间产生不信任、不理解、不配合、不合作，严重制约了产业链的发展。因此，对电子废弃物产业链的治理首先应从增加信任度开始。

5.1.2　互惠规范

社会资本中的规范也是一种社会资本，它具有高度的生产性，是由生活在同一网络中的全部成员通过长期相互交往达成的社会契约发展而来，是一种自上而下不断演进的自发衍生的秩序。互惠规范把自利和互助相结合，从而达到降低交易成本、增加合作机会的目的。

由于电子废弃物产业链回收的发展尚未成熟，也未能形成相对完善的互惠规范。现阶段互惠规范的不健全使主体间由于利益冲突而减少了相互间的合作，但是在电子废弃物产业链回收中却恰恰需要各主体进行协同与合作。各主体间的互惠规范有助于增加彼此间的合作，保证产业链的正常运行，从而有助于扩大产业链回收的规模，降低产业链的交易成本，造福社会。因此，治理产业链回收要处理的另一个问题就是产业链的规范体制建设问题。

5.1.3　公民参与网络

公民参与网络是社会资本的另一个表现形式，公民有序参与网络可以不断增加社会资本的存量。

目前，我国公民参与网络的水平较低，从政府方面来看，各级政府与官员更注重经济发展，而忽视了民主法制意识。电子废弃物产业链回收治理实际上是产业链上各主体在合作关系的基础上，通过互惠、协商、谈判、规范、合作等来共同努力实现对产业链有效治理的过程。电子废弃物产业链回收的治理离不开治理主体之间包括权威关系、信任关系、社会规范、信息网络、社会凝聚力等的相互作用，这些关系能促进产业链治理方式的形成。因此，在电子废弃物产业链回收中，制造商、销售商、回收处理商、消费者、政府、第三方物流等主体的合作管理对产业链的治理起着至关重要的作用，只有多个主体的相互配合与合作才能更好地发展电子废弃物产业链。

5.2　电子废弃物产业链回收典型方式

5.2.1　几种典型回收方式

我国电子废弃物产业链回收无论是在综合管理还是在实际操作中都存在较多的问题。本章在分析产业链的基础上，得出我国电子废弃物产业链回收治理需要企业、政府和以公民为代表的社会组织的共同努力配合的结论，三个主体需要共同作用才能更好地推动电子废弃物产业链回收的发展。基于此，本章提出了产业链回收治理的三种方式：政府主导型、企业主导型和利益相关者共同治理型。

1. 政府主导型

从电子废弃物产业链回收的分析中可以看出，政府在立法与执法等方面都没有充分发挥自己的作用，产业链缺乏规范。因此，在电子废弃物产业链初期，政府主导型方式是最有效的治理方式。

一方面，政府可以借助土地、法律、政策、资金等优势吸引更多的回收处理企业、制造商等主体来扩大产业链的规模；另一方面，政府可以通过政策扶持、资金支持等方式吸引科研机构、公众、社会组织等参与到电子废弃物的回收处理中，从而更好地实施产业链回收政策。此外，政府作为治理方式的核心，还负责对产业链内外的各相关主体进行沟通与协调。政府主导型治理是以政府权威为动力、以政策为主要作用机制的外在治理方式。但是，政府主导型治理方式同样离不开社会的信任、规范的辅助与公众组织的积极配合。社会的信任是政府实施政策的基础条件，赢得社会信任的政府才能更好地贯彻落实自己的政策，获得社会成员的积极配合与合作。同时，产业链中已有的互惠规范也是政策制定的参考依据之一，互惠规范能在一定程度上辅助制度的实施，对产业链上各主体起到一定的约束作用。公众组织的积极宣传有利于增强公民的责任意识，引导公民积极响应政府的号召。

虽然政府主导型治理方式有很多优点，但也存在一定的缺点，如政府主导型具有一定的强制性，使市场调节机制相对较弱，阻碍了企业参与产业链活动的经济动力；政府简单的协调使治理主体之间的关系松散，产业链结构单一，容易失去产业链的稳定性等。因此，在政府主导型治理方式中，政府不仅要发挥自身的作用，更应努力赢得群众与组织的信任和支持，尊重产业链已有的规范，制定符合实际情况的政策，这样才能更好地在产业链初期进行有效治理。

2. 企业主导型

在产业链中，企业主导型治理方式是以企业为治理核心，以利益为导向，以市场调节利益主体冲突为手段的内在治理方式。在这种方式下，政府、公众等都属于辅助治理主体，在适当的时机可以加入治理，保障产业链的稳定发展。因此，企业主导型治理方式中各节点企业不断强化内部治理的同时，也注重和节点企业外部的政府、公众、组织等进行正常的合作，并借助市场机制吸引更多的外部资金、技术、人才、政策的扶持。在企业主导型治理方式中，各治理主体之间的合作建立在对经济利益的理性思考基础之上，因此这样的产业链系统具有较好的灵活性，可以促进产业链回收长期稳定地发展。

但企业主导型治理方式也存在一个缺点，即企业在与协会或政府进行诉求时处于劣势，如果无法协调矛盾，就无法得到政策、资金等的支持。因此，企业主导型治理方式也离不开社会资本的帮助。在这种方式下，企业也需要处理好与同类企业、政府、社会组织及协会之间的关系，增加彼此间的信任与合作，这样市场机制才能更加稳定，产业链的治理才能更加有力。企业与企业之间互惠规范的完善也不可忽视，这有助于企业自觉共担风险、共享收益。此外，作为治理主体的企业还可能为获得更大的经济利益而出现故意抬高价格等情况，这就需要政府、公众组织与协会的监督。

3. 利益相关者共同治理型

利益相关者是指影响组织目标的实现或被组织目标实现所影响的个人和群体。利益相关者共同治理以遵循市场发展规律为基础，以市场调节利益相关者关系为手段，以建立互惠共生的合作关系为目标，形成企业为主、政府支持、公众广泛参与、社会协同治理的结构。出现问题时，产业链上各主体将通过直接或间接的交流、谈判、协商等方式来达成一致意见。企业、政府、社会组织等主体的利益均衡分配，确保了各主体的配合和治理的有效性。

电子废弃物产业链回收中涉及多个主体，政府主导型和企业主导型的单中心治理方式并不是最有效的方式。实行利益相关者共同治理可以使回收产业链各主体实现互动治理，通过利益的合理分配来确保各主体间的合作与配合，同时企业、政府、公众、组织等的相互合作也增加了社会信任、互惠规范及公民的参与程度，因此社会也会更加健康和谐地发展。利益相关者共同治理的方式更好地把社会资本融入治理方式中，注重培养和发展产业链中主体间的信任合作、互惠规范与公众组织监督。因此，利益相关者共同治理是有别于政府主导型和企业主导型的多元合作平台，能更好地利用产业链中的资源来提升产业链的能力。在产业链治理的成熟时期，各个利益相关者大多是经过竞争与合作的考验而留下的企业或组织，自身具备一定的自我管理和相互协调能力，同时各个利益相关者之间经过磨合也基本形成了较为完善的互惠规范，因此，在电子废弃物产业链回收的成熟时期，这种方式将是最适合的治理方式。

4. 治理方式总结

上述三种治理方式各有利弊，它们各自适合产业链发展的不同阶段。在产业链初期，各种互惠规范及信任关系尚未形成，政府主导型治理方式是最有效的方式，这种自上而下的治理方式具有一定的强制性，能更好地引导产业链朝着健康的方向发展。但政府主导型治理方式存在市场应变能力较弱、管理成本较高等缺点，不是长远的发展之计。随着产业链的进一步发展，政府主导型治理方式将会由企业主导型或利益相关者共同治理型取代。而企业主导型治理方式也只能作为一种过渡性的治理方式，因为电子废弃物回收产业具有一定的社会性，它不仅是以经济利益为目标的产业，也是关系民生的绿色产业，该产业链涉及众多角色不同的利益相关者，任何一个利益相关者都对产业链的治理起着不可小觑的作用，而不仅仅是企业，因此以企业为主导的治理方式也并非长久之计。而利益相关者共同治理能较好地协调各主体间的关系，更好地运用社会资本理论，让每个利益相关者扮演适当的治理角色，在利益分配、职责承担等方面也不存在矛盾，同时也符合循环经济的理念，适合在产业链成熟阶段时实行，是一种能使产业链可持续发展的治理方式。因此，可以发展由政府主导型向企业主导型，最后向利益相关者共同治理转变。

5.2.2　电子废弃物产业链回收治理对策

1. 促进主体间信任，增加合作机会

我国电子废弃物产业链回收发展存在的问题之一就是信任，产业链上各主体间的不信任阻碍了产业链的发展。要想促进信任，可以从三个方面着手：第一，促进信任在产业链中的传递和扩散，努力提高信任度并提高信任持久性，确保信任的普遍性与互惠性；第二，促进信任结构的调整，提高信任质量，在产业链中尽可能建立基于互补和合作关系的信任；第三，建立信任与规范、价值观和文化等其他社会资本因素的整合机制。

2. 鼓励公民参与，完善社会网络

电子废弃物产业链回收的治理离不开社会的监督与参与，而公民参与网络就是对产业链监督最有效的办法。首先，公民参与网络可以减少产业链中的不规范行为，增加主体间的信任。其次，公民参与网络还可以培养互惠规范，增加各主体间的合作。最后，通过鼓励公民参与网络，培养公民的民主意识，提升公民的责任意识，让更多的公民意识到电子废弃物的危害与价值，从而积极配合政府的号召，将电子废弃物交给正规的回收处理机构而不是卖给非法的小商贩。同时，民间公共组织的影响力也是不可忽视的，公民拥有了民主意识后，就会聚集在一起，自发建立公共组织，社会网络也将更加健全。

3. 明确主体角色，建立互惠规范

现阶段我国电子废弃物产业链回收的运行缺乏整体协调性，主体间的合作效率不高，严重制约了产业链的发展。电子废弃物产业链回收中每一个主体都有其特殊的角色与任务，各司其职，例如，生产商就负责生产与部分回收任务，

通过技术及工艺创新在电子产品生产的源头延长其使用寿命，使用易回收、易拆解及无污染的原材料；回收处理商就负责处理电子废弃物，通过加大研发投入研制出精湛的拆解技艺及工序；政府就负责制定切实可行的政策制度，支持及规范电子废弃物的回收等。此外，还应建立互惠规范体制，为企业提供一个公平理想的交易平台，维护各方的利益，促使企业间积极扩大合作。在企业间发生利益冲突时，可以做到有法可依，不偏向任何一方，从而直接或间接地规范和限制企业的行为，保障产业链主体间的地位公平，增加企业的社会资本，促进产业链的健康发展。

5.3　社会资本视角下电子废弃物回收治理机制

5.3.1　引言

伴随家用电器、数码产品等电子产品的加速普及，电子垃圾的数量持续增加。据联合国大学报告称，2014 年全球丢弃的电子垃圾共计 4180 万吨，其中仅有 650 万吨通过正规渠道实现回收、处理与利用。而据联合国环境规划署发布的报告《回收——化电子垃圾为资源》推测，每吨手机大约含黄金 300 克，而金矿石的平均含金量为每吨 5 克，可见一斑，电子废弃物的回收与利用具有极大的价值。目前，我国电子废弃物回收处理的行为主要分为政府主导型与企业主导型两种，而无论何种行为，管制失效或市场失灵都会导致回收效率的低下与潜在成本的增加，所以，结合政府与企业的第三方力量——社会资本驱动的相关利益主体联动的电子废弃物回收行为，成为电子废弃物回收产业各主体占据价值链高地的关键。

社会资本作为一种突破原先仅关注实物交换与货币交易的社会学理论，强调将经济问题与关系网络相结合，尤其是在以电子废弃物产业链回收为代表的多主体共同参与的现代产业中，利用行动主体所拥有的社会资本开展经营，有助于降低交易成本，提高产业链运作效率，实现价值共创、合作共赢。目前，学者从社会资本嵌入的视角研究了组织学习规划、创新绩效提高、多元化战略决策、环境治理等问题；而在电子废弃物回收方面，国外学者在回收流程、不同回收方式的比较、逆向物流网络模型等理论层面进行了较多探讨，而国内学者则在电子废弃物的集成物流网络与生产者责任延伸技术下的电子废弃物逆向物流运营方式等技术层面取得了显著成果。可见，社会资本在企业管理等组织层面及环境保护等公共事业发展方面均有重要影响，但在社会资本视角的电子废弃物回收治理研究上，国内外学者均未有涉及。

社会资本作为经济资本与人力资本之后的又一种资本形式，吸引了大量国内外学者的关注，将社会资本理论运用于家庭生活、社区问题、民生问题、产业经济等方面也取得了诸多成果。因此，从社会资本嵌入的视角探讨适合我国经济市场发展的电子废弃物回收治理问题具有较强的现实意义。本书结合电子废弃物产业链多主体参与、利益相关者协同治理的特征，将社会资本理论应用于回收治理研究中，并从结构维与认知维角度实证分析社会资本对产业链主体持续参与治理意愿的影响；同时，引入多中间变量——指导行为、协调行为与激励行为，通过对影响电子废弃物回收行为选择的因素构建结构方程，细化社会资本影响各主体持续参与回收治理意愿的作用路径。

5.3.2　理论回顾与研究假设

1. 电子废弃物回收与社会资本

Spicer 和 Johnson(2004)指出，电子废弃物产业链回收涉及制造商、销售商、消费者、回收处理商、第三方物流等各主体，此外，政府部门在调整产业结构、引导企业发展及对企业进行监管等方面也发挥着不可替代的作用。因此，基于企业代表市场机制、政府代表政策机制、社会组织代表社会机制，本书从社会资本视角总结三种较典型的电子废弃物回收行为：政府主导型、企业主导型和利益相关者共同治理型。政府主导型是一种具有强制性的回收行为，它由政府主导规划并组织管理，政府可以通过行业发展政策对回收全过程进行治理；企业主导型通过市场机制调节主体间的利益关系，链内节点企业共担风险、共享收益；在各利益相关者共同治理中，各治理主体通过谈判、协商等方式达成一致意见，形成企业为主、政府支持、社会组织广泛参与、社会资本占有者协调治理的结构。可见，在产业链发展初期，通过政策强制力引导各方社会资本协同参与产业链治理的政府主导型是最有效的治理行为，而随着产业链的进一步发展与扩张，由关注单一主体利益的企业主导型向追求产业链整体利益最大化的利益相关者共同治理型转变，是适合中国电子废弃物回收产业的最佳治理行为。

由政府主导型向企业主导型过渡，进而实现向利益相关者共同治理型的转变，既要求产业链各主体通过规则、方针与惯例等建立起稳定的社会网络，保证行为集体实施和规定集体制定；又需要通过共享理念、价值观和文化等非理性因素，引导产业链主体采取互惠行为，放眼长远、整体利益。因此，既关注制度型的规范因素，又结合关系型的理念约束，Krishna 和 Uphoff(2002)将社会资本划分为结构型社会资本与认知型社会资本，本书沿用此种分类，结合多主体参与电子废弃物回收的具体特征，分别探讨社会资本在结构维与认知维的不同影响；同时，产业链回收的开放性使各主体可以随时加入或退出治理，因而 Spengler 和

Ploog (2003) 认为各主体进行电子废弃物回收的持续参与意愿是影响回收效率的关键因素，提高不同主体的持续参与意愿是两种社会资本作用的关键；另外，结合中国电子废弃物回收产业的政府指导发展、企业自由竞争的特征，社会资本既可以通过政策、规定等强制作用力调动产业链主体，又能够通过作业补助、理念文化等引导的方式促使各主体参与治理过程，因而引入多治理行为——指导行为、协调行为与激励行为作为中介因素。因此，本书通过引入治理行为作为中间变量，细化社会资本影响电子废弃物回收产业各主体持续参与意愿的作用路径，探究三者间的相关关系。

2. 研究假设

1) 结构维社会资本与治理行为

通过网络联结度可以看出社会网络的强度、密度及稳定性，因而结构维社会资本通常以网络联结度来表征。想要实现电子废弃物产业链回收整体绩效的最优，需要每一位社会资本相关者的每一次行动都依据行业规范等指导性政策，因而结构维社会资本通过规则、方针与惯例等增强主体社会网络的强度，进而有助于指导行为的实施。协调行为包括对关系的协调及对组织的协调：关系协调是指产业链各主体间伙伴关系的协调，组织协调则是指对各主体在分工协作上进行协调，而结构维社会资本可以通过强作用力使不同主体间联系更加稳定、紧密，分工更加明确、高效。另外，企业社会网络的稳定发展有利于企业间实现资源的共享与配置，进而激励各治理主体甚至是电子废弃物产业链外的主体参与进来，从而提升产业链回收绩效。因此，本书提出以下假设。

假设 H1a：结构维社会资本与指导行为呈正相关关系。

假设 H1b：结构维社会资本与协调行为呈正相关关系。

假设 H1c：结构维社会资本与激励行为呈正相关关系。

2) 认知维社会资本与治理行为

认知维社会资本通过共享愿景、共同语言、信任及承诺等理念促进主体采取互惠互利的行为，当各主体对电子废弃物回收产业的各环节运作流程达成共识，则整个产业链的作业效率才可提升，各主体才更有意愿协调个体利益，维护产业联盟的整体利益。Jones 和 Borgatti (1997) 认为信任、承诺和期望等认知观念对协调行为和维护行为具有正面影响，而共同认可的观念也能够激励行为主体形成信任因素。但由于认知维社会资本的非强制性，其不能约束产业链主体做出决策或实施行为，因而，认知维社会资本不能对指导行为产生直接影响。因此，本书提出以下假设。

假设 H2a：认知维社会资本与指导行为无显著相关关系。

假设 H2b：认知维社会资本与协调行为呈正相关关系。

假设 H2c：认知维社会资本与激励行为呈正相关关系。

3）社会资本与持续参与意愿

网络联结的强度、密度及稳定性分别表示主体间联系的频繁程度、广泛程度及密切程度，而 Roberts 和 Oreilly（1979）发现社会网络中没有联结的主体对工作更易不满，而有联结的则倾向于对工作满意，并且大量研究表明，工作满意度与离职率呈反向相关关系。电子废弃物产业链回收中各主体的关系也是如此，制造商与销售商、消费者与回收处理商及回收处理商与第三方物流之间，更多的联结帮助各主体积极地参与产业链治理，而非"孤军奋战"，因此，结构维社会资本的存在有助于提高电子废弃物产业链回收上各主体持续参与治理的意愿。在认知维方面，Cohen 和 Prusak（2001）指出，共同的愿景和语言使治理主体必须将各方的共同目标及利益放在第一位，而不是片面追求个体的利益，因而，共同愿景、共同语言维系并加强了各主体间网络的联结度；而刘小平（2011）则指出，要降低因为机会主义行为而产生的合约风险需要付出高昂的成本，而具备高度信任的社会网络则较少地考虑此类风险，因此，认知维社会资本的信任因素能够有效遏制机会主义行为且成本低廉，这也是主体持续参与意愿的重要原因之一；另外，组织信任能够正向影响情感承诺、持续承诺与规范承诺，而相互间存有承诺的治理主体必然不会轻易加入或退出电子废弃物产业链回收。因此，本书提出以下假设。

假设 H3a：结构维社会资本与回收治理主体的持续参与意愿呈正相关关系。

假设 H3b：认知维社会资本与回收治理主体的持续参与意愿呈正相关关系。

4）治理行为与持续参与意愿

中国经济市场在注重发挥企业自身能动性的同时，也强调政策强作用力的指导作用，尤其对于还处在发展初阶段的电子废弃物回收产业来说，政府通过发展指导文件、财政补助、人才引进等优惠条件，吸引产业链外部主体加入回收治理，而主体既可以从产业协作中获得经济收益，又能够在市场竞争中获得政策扶持，因而更加有意愿持续参与产业治理。另外，主体间的协调行为能够促进组织关系和谐，而和谐的组织关系反过来又能促进主体间协调行为、加强业务往来，进而增强主体参与产业协作与治理的满足感，使主体持续参与的意愿得以提升。而关于激励因素的影响研究方面，Wu 等（2007）认为使用激励手段可以调动主体的积极性，使彼此兼顾合作各方的共同利益，减少在分工协作中的冲突，实现产业链各环节共赢的目标。因此，本书提出以下假设。

假设 H4a：指导行为与回收治理主体的持续参与意愿呈正相关关系。

假设 H4b：协调行为与回收治理主体的持续参与意愿呈正相关关系。

假设 H4c：激励行为与回收治理主体的持续参与意愿呈正相关关系。

本章的理论框架模型见图 5-1。

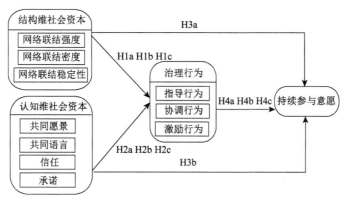

图 5-1　理论框架

5.3.3　研究设计

1. 变量测量

为保证统计研究的便利性，本书选用 7 分制 Likert 量表进行问卷调查并依据研究目标进行初始调整，其中，"1"代表非常不同意，"7"代表非常同意；在广泛听取电子废弃物回收产业专家意见，采用已有研究成果所用量表的基础上，对具体题项及其测量口径进行统筹调整（表 5-1）；在问卷内容确定及大规模发放前，事先选定部分目标企业及行业专家进行问卷的预调查，并依据反馈意见进行问卷的最终修订。

表 5-1　变量及具体题项

变量	分指标	题项内容	指标参考文献
结构维社会资本	网络联结强度	与关联企业保持密切联系	Nahapiet 和 Ghoshal（1998）
		派遣人员到合作企业学习	
		与关联企业非正式的交流	
	网络联结密度	与产业链上主要企业有过合作经历	宋方煜（2012）
		经常与新企业建立合作关系	
	网络联结稳定性	与关联企业保持长期合作	陈明红和漆贤军（2014）
		与关联企业在业务往来中较少出现冲突	
认知维社会资本	共享愿景	与关联企业具有相似的价值取向	Nahapiet 和 Ghoshal（1998）
		与关联企业有较为一致的战略目标	

变量	分指标	题项内容	指标参考文献
认知维社会资本	共同语言	人力资源在企业间共享 与关联企业共享知识等信息	陈明红和漆贤军(2014)
	信任	与合作企业的业务交易不需要烦琐的合同 对合作企业提供的产品或服务不需要严格检验 愿意向合作企业提供各类帮助	Nahapiet 和 Ghoshal(1998)
	承诺	双方能够信守包括口头形式在内的各种承诺 双方遵守互惠互利原则	陈明红和漆贤军(2014)
治理行为	指导行为	主管部门发布行业发展意见 主管部门对市场发展状况进行监督与调节 主管部门对违法、违规行为进行惩处	Jones 和 Borgatti(1997)； Glen 和 Molly(2004)
	协调行为	与关联企业的沟通能够得到合理的反馈 对当下关联企业沟通频次和沟通方式很满意 与关联企业提供相近的配套服务 与关联企业协商解决冲突	Jones 和 Borgatti(1997)； Cohen 和 Prusak(2001)
	激励行为	能做到按时交货、准时到账 愿意在利润分配上做到与关联企业互惠互利 愿意与关联企业实现信息的共享 经常参与到新产品/新技术的开发中	Cohen 和 Prusak(2001)
持续参与意愿	参与满意度	计划或正在参与电子废弃物回收产业分工 电子废弃物产业链回收有利可图 参与电子废弃物回收有助于扩大企业经营规模	Wu 等(2007)

为保证问卷数据的代表性，降低随机因素对研究结论的影响，调查问卷的发放与回收从 2016 年 2 月开始至 6 月结束，主要通过纸质及邮件等问卷调查的方式进行发放，并向问卷填写者介绍了问卷的目的及填写方法，同时采用匿名形式以消除填写者的顾虑。共发放问卷 800 份，观察到信息不完整或题项前后选择明显冲突等情况，经筛选与处理，共有效回收并采用问卷 688 份，有效率为 86%。问卷对象主要为中国东部、中部和西部的电子废弃物回收产业相关人员，其中，设

备制造商、经销商、回收处理商、第三方物流、消费者及政府相关部门分别占比15%、27%、19%、18%、13%、8%，产业链各环节分布合理；业务开展所处阶段方面，计划研究阶段、实施开展阶段、瓶颈掣肘阶段、成功总结阶段分别占比9%、48%、31%、12%，能够较好地代表中国电子废弃物回收产业发展现状；而在问卷填写者从事相关行业工作年限方面，3～8 年(其他选项：3 年以下、8 年以上)占比81%，在问卷填写者的职位方面，管理者、理论研究员与专业技术人员分别占比39%、27%、34%，有效保证了问卷数据的专业度与可靠性。

2. 信度与效度测量

在开展统计研究前先对 688 份问卷数据进行信效度检验。如表 5-2 所示，结构维社会资本、认知维社会资本、治理行为与持续参与意愿的 Cronbach's α 系数均大于标准值，分别达到 0.74、0.78、0.75、0.74；同时，各变量的 KMO(Kaiser-Meyer-Olkin) 值均大于等于 0.7，且符合显著性要求($P<0.001$)。因此，问卷数据具有较好的信效度。

表 5-2　变量因子分析结果

变量	Cronbach's α 系数	Bartlett 球体检验 χ^2 值	KMO 值
结构维社会资本	0.74	672.45	0.78
认知维社会资本	0.78	528.63	0.81
治理行为	0.75	814.41	0.80
持续参与意愿	0.74	485.16	0.77

通过对结构维社会资本、认知维社会资本、治理行为及持续参与意愿进行因子分析，结构维社会资本得到 1 个因子(结构维社会资本 F_1)，认知维社会资本得到 1 个因子(认知维社会资本 F_2)，治理行为得到 3 个因子(指导行为 F_3、协调行为 F_4、激励行为 F_5)，持续参与意愿得到 1 个因子(持续参与意愿 F_6)。具体地，因子 F_1 解释了 75.77%的总方差，因子 F_2 解释了 80.65%的总方差，因子 F_3、F_4、F_5 共解释了 88.15%的总方差，因子 F_6 解释了 75.28%的总方差。因此，问卷设计中社会资本、治理行为与持续参与意愿的主成分因子分析，拟合效果较好，负载单一，无交叉负载情况，说明问卷设计的指标体系与问题设置能够合理、如实地反映社会资本、治理行为与持续参与意愿水平，表明测量模型设计合理。

5.3.4　研究结果

实证研究过程分两步进行：首先，运用聚类分析与方差分析，对中国电子废弃物回收产业各主体在社会资本拥有方面进行概述，并分别对 11 组假设进行初步判别；其次，运用结构方程模型分析变量及其各分指标间彼此影响的整体关系。

1. 聚类分析

对 688 个回收样本中的社会资本进行聚类分析，将结构维社会资本的水平界定为其包含的 7 个分指标的得分均值，将认知维社会资本的水平界定为其包含的 9 个分指标的得分均值，采用 K-Means 聚类分析方法将 688 个回收样本划分为四类：弱结构弱认知(组 1)、弱结构强认知(组 2)、强结构强认知(组 3)及强结构弱认知(组 4)。聚类分析结果如表 5-3 所示。

表 5-3　聚类分析统计表

项目	组 1	组 2	组 3	组 4
结构维社会资本	3.79	4.57	6.28	5.76
认知维社会资本	3.87	5.79	6.49	4.95
样本个数	74	276	117	221

由表 5-3 可以看出目前中国电子废弃物回收产业中各主体的社会资本拥有情况：对两种社会资本拥有均较少或均较多，即弱结构弱认知或强结构强认知的主体数量较少，对两种社会资本中的一种拥有较多，即强结构弱认知或弱结构强认知的主体数量较多。这说明中国电子废弃物回收产业中，各主体迫于资金、能力或发展眼光等的限制，同时拥有并运用两种社会资本的情况较少，目前仅拥有一种社会资本的主体数量较多，加快对两种社会资本的获取与运作，是中国电子废弃物回收产业中大部分主体的发展趋势。

2. 方差分析

不同维度的社会资本对治理行为会产生不同的影响，为进一步探讨何种维度的社会资本能够对治理行为及持续参与意愿产生积极影响，本书对结构维与认知维社会资本水平进行独立样本单因素方差分析。方差分析结果如表 5-4 所示。

表 5-4　四类社会资本的方差分析结果

项目	组 1	组 2	组 3	组 4	F 值	R_{adj}
指导行为	1.12	2.86	4.27	4.01	5.27***	0.08
协调行为	2.54	3.64	5.45	3.53	4.39**	0.11
激励行为	1.83	3.35	4.65	3.21	2.26*	0.07
持续参与意愿	2.96	4.36	7.64	5.41	8.89***	0.14

注：R_{adj} 在 6%～16%时，表示变量间关联强度为中度

*表示 $P<0.05$，**表示 $P<0.01$，***表示 $P<0.001$

在指导行为方面，具有显著差异的群组为：组 1 和组 2(组 1<组 2，$P<$0.001)、组 1 和组 3(组 1<组 3，$P<$0.001)、组 1 和组 4(组 1<组 4，$P<$0.001)，这说明当结构维与认知维社会资本俱弱时，治理主体的指导行为水平最差。应当注意到，这种显著性差异在组 3 与组 4 之间并不存在，这说明在较强的结构维社会资本下，无论认知维社会资本水平较低或较高，都不会对治理主体的指导行为产生影响；同时，这种显著性差异在组 1 和组 3、组 1 和组 4 之间尤其明显，说明结构维社会资本水平越高，治理主体的指导行为越好。因此，验证假设 H1a 成立。

在协调行为方面，具有显著性差异的群组为：组 1 和组 3(组 1<组 3，$P<$0.001)、组 2 和组 3(组 2<组 3，$P<$0.001)、组 4 和组 3(组 4<组 3，$P<$0.001)，说明强结构维社会资本比弱结构维社会资本更能正向影响治理主体的协调行为，强认知维社会资本比弱认知维社会资本更能正向影响治理主体的协调行为。因此，验证假设 H1b、H2b 成立。

在激励行为方面，具有显著差异的群组为：组 1 和组 3(1 组<组 3，$P<$0.001)、组 2 和组 3(组 2<组 3，$P<$0.001)、组 3 和组 4(组 4<组 3，$P<$0.05)，说明结构维、认知维社会资本俱强时，治理主体的激励行为水平更高。因此，验证假设 H1c、H2c 成立。

在持续参与意愿方面，具有显著差异的群组为：组 1 和组 2(组 1<组 2，$P<$0.001)、组 1 和组 3(组 1<组 3，$P<$0.001)、组 1 和组 4(组 1<组 4，$P<$0.001)，说明任一维度的社会资本都会对主体持续参与电子废弃物回收治理的意愿产生积极影响，而当治理主体拥有两种社会资本时，其持续参与意愿最强。因此，验证假设 H3a、H3b 成立。

3. 回归分析

为全面分析社会资本、治理行为与持续参与意愿三者间的相关关系，本书运用回归分析分别探讨各变量及分指标之间的联系。

首先，分别以指导行为、协调行为、激励行为及持续参与意愿为因变量，结构维社会资本为自变量构建回归方程 1。由表 5-5 可知，指导行为、协调行为、激励行为与持续参与意愿的相关系数分别为 0.78、0.73、0.69、0.73，与结构维社会资本显著正相关，说明网络联结强度越高、密度越大、稳定性越好，结构维社会资本越能正向影响治理主体的指导、协调与激励行为，越能增强产业链上各主体持续参与电子废弃物回收治理的意愿。因此，验证假设 H1a、H1b、H1c、H3a 成立。

表 5-5　回归检验结果

变量	结构维社会资本 （方程 1）	认知维社会资本 （方程 2）	指导行为 （方程 3）	协调行为 （方程 4）	激励行为 （方程 5）
指导行为	0.78***	0.38*			
协调行为	0.73*	0.75***			
激励行为	0.69*	0.77***			
持续参与意愿	0.73***	0.72***	0.61***	0.72***	0.26**
R			0.71	0.72	0.67
R_{adj}			0.70	0.72	0.66
F 值			45.35	58.01	22.35

注：表中系数为标准化系数

*表示 $P<0.05$，**表示 $P<0.01$，***表示 $P<0.001$

其次，分别以指导行为、协调行为、激励行为与持续参与意愿为因变量，认知维社会资本为自变量构建回归方程 2。由表 5-5 可知，指导行为、协调行为、激励行为与持续参与意愿的相关系数分别为 0.38、0.75、0.77、0.72，除指导行为外，认知维社会资本对其他内生变量均具有显著的正面影响，说明治理主体间共享愿景、共享语言、信任、承诺等认知维社会资本的存在有助于提高治理行为的效果，帮助增强治理主体的持续参与意愿。因此，验证假设 H2b、H2c、H3b 成立。回归分析后，修正假设 H2a 为：认知维社会资本与指导行为呈较弱正相关关系。

最后，分别以指导行为、协调行为及激励行为为自变量，持续参与意愿为因变量构建方程 3、方程 4、方程 5。由表 5-5 可知，指导行为与持续参与意愿正相关关系较弱（$R=0.71$，$R_{adj}=0.70$），协调行为与持续参与意愿正相关（$R=0.72$，$R_{adj}=0.72$），指导行为与持续参与意愿微弱正相关（$R=0.67$，$R_{adj}=0.66$）。因此，验证假设 H4a、H4b、H4c 成立。但协调行为对治理主体持续参与意愿的正向影响较大，而指导行为与激励行为的影响有限。

4. 结构方程模型

方差分析与回归分析已初步验证并修正了假设，接下来，本书将运用结构方程模型综合研究社会资本、治理行为与持续参与意愿间的关系。模型的拟合情况方面，Chi-square/df=2.83（<3），拟合优度值（GFI）=0.79（>0.7），修正拟合优度指数（AGFI）=0.75（>0.7），模型适合度（CFI）=0.82（>0.7），近似误差均方根（RMESA）=0.08（<0.1），各指标均达到可接受水平，表明模型的拟合情况较好。结构方程的整体模型及部分参数如图 5-2 所示。

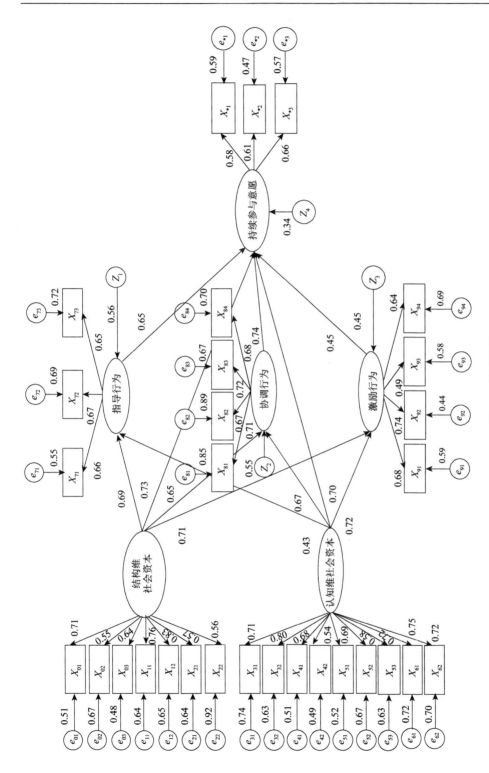

图5-2 模型结果

结构方程模型各指标值如表 5-6 所示,修正后的各假设均得到较好验证,具体如下。

表 5-6 路径系数与对应假设检验

作用路径	路径系数	S.E.	C.R.	P 值	对应假设	检验结果
结构维社会资本→指导行为	0.69	0.09	6.13	***	H1a	支持
结构维社会资本→协调行为	0.65	0.03	1.73	**	H1b	支持
结构维社会资本→激励行为	0.71	0.09	7.33	***	H1c	支持
结构维社会资本→持续参与意愿	0.73	0.07	6.98	***	H3a	支持
认知维社会资本→指导行为	0.43	0.06	8.27	***	H2a′	支持
认知维社会资本→协调行为	0.67	0.02	3.42	***	H2b	支持
认知维社会资本→激励行为	0.72	0.05	7.67	***	H2c	支持
认知维社会资本→持续参与意愿	0.70	0.06	8.60	***	H3b	支持
指导行为→持续参与意愿	0.68	0.01	4.14	*	H4a	支持
协调行为→持续参与意愿	0.70	0.02	3.73	***	H4b	支持
激励行为→持续参与意愿	0.45	0.05	7.52	***	H4c	支持

*表示 $P<0.05$,**表示 $P<0.01$,***表示 $P<0.001$

(1)结构维社会资本作用于指导行为、协调行为、激励行为的路径系数分别为 0.69、0.65、0.71,且通过了显著性检验($P<0.01$),说明结构维社会资本对三种治理行为均具有正向影响,其中,结构维社会资本与激励行为呈显著正相关;同时,结构维社会资本影响持续参与意愿的路径系数为 0.73,$P<0.001$,说明结构维社会资本对持续参与意愿具有显著的正向影响。验证假设 H1a、H1b、H1c、H3a 成立。

(2)认知维社会资本作用于指导行为、协调行为、激励行为的路径系数分别为 0.43、0.67、0.72,且 P 值均为小于 0.001,显著性水平符合要求,说明认知维社会资本对三种治理行为均具有正向影响,但其中,结构维社会资本对指导行为具有较弱正面影响,而与激励行为呈显著正相关;同时,认知维社会资本作用于持续参与意愿的路径系数为 0.70,$P<0.001$,说明认知维社会资本与持续参与意愿呈显著正相关。验证假设 H2a′、H2b、H2c、H3b 成立。

(3)指导行为、协调行为与激励行为影响持续参与意愿的路径系数分别为 0.68、0.70、0.45,且显著性检验符合要求,说明三种治理行为对持续参与意愿均具有正向影响,而协调行为的正向影响显著,激励行为的正向影响较弱。验证假设 H4a、H4b、H4c 成立。

　　结构方程模型的分析结果与方差分析、回归分析的结果相一致，修改后的相关假设得到验证。而从表 5-6 中的路径系数结果可以看出，通过以指导、协调与激励三种治理行为为中介因素的社会资本视角的电子废弃物回收治理研究可以发现以下两点。

　　(1)认知维社会资本对指导行为的路径系数为 0.43，说明二者呈较弱的正向相关关系(以往研究多认为任何维度的社会资本对治理行为均具有显著的正向影响)，这是因为市场经济主体具有自我决策的主观能动性。市场经济中，各经营组织依据所处产业链环节、经营环境、自身条件、发展策略等多个因素的影响，往往以追求自身利益最大化为经营目标，因而在缺乏政府调节、政策管制的情况下，各经营组织难以有序、长远地开展组织经营，更不会关注整个产业的健康发展。所以，强调主体自我约束，要求组织追求产业链整体竞争力提升的认知维社会资本，对需要强制力支撑的指导行为影响有限。相比之下，从协调行为到激励行为，强制力的属性越来越弱，自我管理、合作共赢等价值共创的理念越来越重要，因而认知维社会资本的正向影响也越来越明显。

　　(2)激励行为对持续参与意愿的正向影响有限(表 5-6 中，激励行为作用于持续参与意愿的路径系数为 0.45，低于 0.5 的标准值)，这是因为在解决产业链发展等市场领域的问题时强领导力更有效。前文已经说明，电子废弃物回收治理涉及产业链上的各个主体，强领导力的缺失易导致消费者与各经营组织的"不作为"心理，因此，运用社会资本的治理行为必须更倾向于行政命令或规定决定等强领导力，避免出现"一人偷懒，人人偷懒"的局面，而以往研究多认为激励等号召性行为有助于彻底解决公共问题或产业发展问题。这也是本书得到的全新结论。

5.3.5　结论与启示

1. 研究结论

　　将社会资本、治理行为及产业链主体持续参与治理的意愿纳入统一框架，通过聚类分析、方差分析、回归分析与结构方程模型探讨三者间的关系，得到诸多结论。

　　(1)通过因子分析与聚类分析，本书提出的假设与理论模型在有效性和合理性上获得保证，并概述了中国电子废弃物产业链各主体在社会资本拥有方面的现状，即同时拥有并运用两种社会资本的主体较少，仅拥有一种社会资本的主体数量较多，提高各主体对两种社会资本的获取与运作，是中国电子废弃物回收产业中大部分主体的发展趋势。同时，聚类分析也指出了社会资本的四种组合方式，即弱结构弱认知、弱结构强认知、强结构强认知及强结构弱认知。

(2)通过方差分析与回归分析,初步验证了社会资本能够正向影响三种治理行为,提高主体持续参与产业链回收治理的意愿,而三种治理行为又能够在社会资本作用于持续参与意愿的过程中起到积极影响。具体地,结构维社会资本与指导行为、协调行为及持续参与意愿均呈显著正相关,与激励行为呈正相关关系;认知维社会资本与协调行为、激励行为及持续参与意愿均呈显著正相关,而与指导行为则呈微弱正相关关系;三种治理行为中,指导行为与持续参与意愿呈正相关关系,协调行为与持续参与意愿呈显著正相关关系,而激励行为则与持续参与意愿呈微弱正相关关系。

(3)通过结构方程模型,本书在考虑各变量及分指标相互影响的前提下,进一步验证了回归分析的结果,同时也得出了运用社会资本实现产业治理的全新结论,即认知维社会资本对指导行为的正向影响程度有限,而激励行为对持续参与意愿的直接影响也有限。因此,缺乏政策强制力的认知维社会资本及激励行为难以发挥作用,而具有一定强制力性质的结构维社会资本、指导行为与协调行为则更能正向影响持续参与意愿。

2. 管理启示

(1)政策强制力的约束能够避免各主体为追求自身利益而忽略产业整体利益。前文已经提及,缺乏政策强制力的认知维社会资本与激励行为难以发挥显著的正面影响,因此,政府、电子废弃物回收产业协会等具有管理者性质的组织需要发挥管制职能。电子废弃物回收产业协会通过发布产业发展意见,指明产业发展方向,规范主体经营行为;而政府则需要从提升中国电子废弃物回收产业竞争力,利用溢出效应带动相关行业协同发展的视角出发,指引设备制造商、回收处理商、第三方物流等企业实现经营方式转型升级,提高科技含量,占据国际电子废弃物回收市场的龙头地位。

(2)积极引导电子废弃物产业链回收各主体关注社会资本积累与运用。中国电子废弃物产业链回收各主体对社会资本的拥有与运用并未给予足够关注,通过聚类分析可知,在社会资本拥有上处于弱结构弱认知的主体仍超过10%,而处于强结构强认知的仅占17%。因此,中国电子废弃物回收产业管理者需要积极引导产业链各主体嵌入社会网络,通过鼓励产业链内主体纵向兼并融合或建立合作伙伴关系,减少主体间业务往来的摩擦,增进共享愿景、共享语言、信任与承诺在主体间存在,提高主体在社会网络中的联结度,实现对结构维与认知维社会资本的双拥有和运用。

(3)鼓励治理主体转型实现利益相关者共同治理。政府主导型、企业主导型和利益相关者共同治理型三种电子废弃物回收行为适用于产业链发展的不同时期,通过政策强制力引导各方社会资本协同参与产业链治理的政府主导型在产业链发展初期是最有效的治理行为，而随着产业链的进一步发展与整合，追求产业链整体利益最大化的利益相关者共同治理型是适合中国电子废弃物回收产业的最佳治理行为。三种治理行为中，协调行为对持续参与意愿的正向影响最大，说明通过协商决策、共同解决的方式，引导电子废弃物回收产业各主体协同参与治理有助于提高主体的持续参与意愿，提升中国电子废弃物回收产业的整体竞争力。

5.4　本 章 小 结

本章在以上几章研究的基础上，对产业链进行纵向梳理，发现各主体存在的问题，然后运用社会资本理论对存在的问题进行归纳分析，把产业链上存在的问题归纳为信任、互惠规范和网络等三个方面，从而进一步得出产业链治理的三种方式：政府主导型，企业主导型和利益相关者共同治理型。同时总结出治理模型的转变方式：政府主导型—企业主导型—利益相关者共同治理型。最后结合社会资本分析给出电子废弃物产业链回收治理的一些具体对策，得出社会资本视角下的产业链治理机制。

社会资本理论正处于不断发展中。本章从社会资本视角研究电子废弃物产业链治理是一个全新的角度，对于治理过程中的风险，将在第 6 章探讨。

第6章　电子废弃物产业链回收风险分析

随着电子产品消费量的日益增多,很多制造商开始对电子废弃物的回收采用外包的方式,使回收的风险增加。本章立足于电子废弃物回收的业务外包风险,通过故障树模型将风险直观化,然后将其映射成对应的贝叶斯网络,对动态和静态的风险大小进行评估,快速辨识风险强弱;利用灵敏度分析定位出最容易发生外包风险的因素,并提出借助 HAZOP-LOPA 方法对重点风险进行动态风险控制,利用 Bow_tie 模型进行全面风险控制。

6.1　电子废弃物产业链回收风险

6.1.1　电子废弃物回收的外包方式

1. 电子废弃物回收外包

由于回收电子废弃物是制造商的社会责任,需要耗费较多的企业资源,企业在决定是否进行这项业务时都会遇到两个主要的矛盾:①经济利益与环境效益的矛盾。随着生产者责任延伸制度的完善,越来越多的企业被要求回收自己的电子产品以保护环境。但是企业需要耗费较大的成本来建设并培养成熟的供应链体系,然而回收业务利润的获取是要等到产业链回收完全建设完成后才可以开始考虑的,所以说这是一项长期的工作。在初期不一定能带来营业利润,甚至有可能带来企业的亏损。②回收业务与主营业务的矛盾。正常情况下,供应链管理过程中,仓库、配送力量和经销商都是为了生产和销售的环节而服务的。这种情况下,可以通过利用物料生产计划而进行生产运营工作。但是若企业要实施回收不仅要占用仓库、配送和经销商等资源,并且回收数量和质量的不确定性会导致正向物流的物料生产计划失真,导致主营业务资源被占用,降低了主营业务的质量。

很多企业为了解决这些矛盾,发展自己的核心竞争力,将电子废弃物回收这一业务外包给专业化的回收公司进行处理,不但能够提高自己的竞争力和知名度,还能够有效率地配置资源。

2. 电子废弃物回收外包风险

将电子废弃物回收业务外包给专业的第三方回收公司势必会给企业带来不少的好处，但同时也存在着很多风险，主要表现在以下两个方面。

(1) 在运作体系的内部，由于每件电子产品的使用生命周期是不确定的，消费者使用的程度不一，并且产品具有很强的分散性，所以很难一次性将某个区域或者定量的废弃物进行集中处理。所以运输和拆解成本也都会随回收地区废弃物的情况的变化而改变，并且不同类型的电子产品对回收运输也有着不同程度的要求；通常发生回收都是因为产品质量或者产品期限问题，接收到回收物品的过程也需要很大的成本。

(2) 在运作体系外部，企业要面临市场的竞争和政府政策的影响。如果企业的销售量受到市场影响而产生难以预测波动的话，回收的数量则变得更难以预测，这会严重影响回收计划的制订。同时，如果政府能够制定相应的扶持政策，企业实施回收外包会在资金投入、项目运作、合同监督、基础设施建设等方面享有很多的便利。相反，如果政府不扶持发展的话，则会存在很大的阻力。

6.1.2　电子废弃物回收外包风险管理

1. 电子废弃物回收风险管理的目标

企业实施回收外包需要全面地识别各个风险点，尽可能地降低各种风险控制成本，并将电子废弃物的零部件利用率达到最大化，它的具体目标如下。

(1) 节省运行成本。企业的目标便是用最少的投入获取最大的产出，外包给第三方回收公司能够充分利用其专业化的回收渠道和拆解技术，从而减少了企业自身的投入，力图用最少的投入来达到最安全和最经济的回收运作状态。

(2) 实现运营收入。电子废弃物回收是一项企业的附加业务，电子生产企业在实施这个业务的初始阶段需要投入大量的资源，并且许多资源可能是为了应对风险事故产生的。在预设的投入资金不变的情况下，企业可以通过控制外包过程中可能产生的风险，来缩减运营过程中产生的风险成本，这一部分减少的支付也可以看作企业的收入。同时，当这项回收业务能够持续稳定地运营时，企业有可能通过这项业务提高自己的社会知名度和客户满意度，这很有可能给企业带来潜在的营业收入。

(3) 承担社会责任。企业的社会责任有两方面：一方面是指企业回收电子废弃物并利用其中的部件，这是企业承担企业责任的表现，通过风险管理和控制，能够使企业履行社会责任效率和完成度更高；另一方面是指企业实施风险管理时必须满足各项风险管理安全标准，即通过风险管理，减轻对个人和社会造成的各种危害。

2. 电子废弃物回收外包管理过程

电子废弃物回收外包的全面风险管理是指电子生产企业围绕总体外包经营目标，通过在外包过程管理中的各个环节中实施风险管理和控制，并建立完善的风险管理体系的过程。图 6-1 描述了电子废弃物回收外包过程中风险管控的流程，其中风险识别、风险评估与风险控制是这个流程中的核心环节。

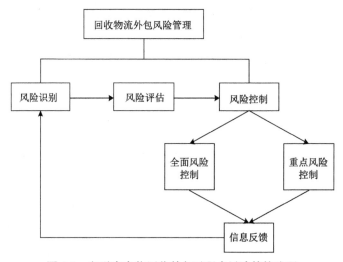

图 6-1　电子废弃物回收外包过程中风险管控流程

1) 风险识别

风险识别是风险管理的准备工作，在这个环节中的目的是发现风险并客观评估风险。电子废弃物回收外包的每一个过程都存在一定的潜在风险。在初期选择供应商时，可能由招标或者对供应商能力的判断不足而造成日后正常运营过程中的风险。第三方运营的过程中也可能出现对第三方服务提供商监督不力和管理不善而造成的风险。甚至在后期可能出现过度依赖供应商导致对市场失去触觉的风险。

风险识别的方法有很多，如潜在通路分析法、风险专家调查列举法、蒙特卡罗法、风险解析法、故障树分析法、事件树分析法。本章主要从两个角度来识别回收外包过程中的风险：一是通过主观的经验并类比推断可能存在的风险，并利用专家小组讨论法取得专家意见；二是通过较客观的相关企业的风险案例的分析来发现可能存在的风险。最后通过故障树法绘制出所有过程中的风险，并得到相应的因果关系。

2) 风险评估

风险评估是对可能发生的风险的危害等级和发生频率进行估计的过程。前期对风险的识别，能够得出与外包企业建立关系时的风险及第三方企业自身的风险，通过分析风险的相关资料能够确认风险的性质，并针对性地制定一系列的防控措施。在评估过程中也有很多不同的定量方法，如层次分析法、统计概率法及敏感性分析法。本章则主要使用贝叶斯网络分析法来对已经识别出的风险进行评估。并将风险划分为不同的等级，以便下一步对风险进行控制时，能够量体裁衣地制订控制方案。

3) 风险控制

风险控制是在风险识别和评估之后，对潜在的风险采取一系列的手段进行预防的过程。它控制的内容主要是防范风险发生前的潜在风险及治理与缩小风险发生后所带来的损失，这个过程是整个风险管理中的核心阶段，只有全面地控制住了风险，才能保证后面的项目能够顺利地运作。在本章中则是指电子生产企业通过前期识别可能发生的潜在风险并采取一定的控制措施后能够保证整个外包过程中的风险都以危害最小的程度发生，或者直接抑制风险，确保电子废弃物能够有一个高效的回收效率。

6.2　电子废弃物回收风险识别

将回收业务外包的电子生产企业必须要对影响到外包质量高低的各种风险有充分的认识，并对这些风险进行全面的掌握和控制才能够保证项目的顺利实施。可以说，对电子废弃物回收外包风险进行管理是保证实施外包后能够高效运作的关键，而对电子废弃物回收外包风险进行正确的分析和把握则是风险管理的基础和前提，二者相辅相成，缺一不可。

6.2.1　电子废弃物回收外包风险整体识别

企业实施回收外包一般都会经历以下环节：①战略制定。市场环境与企业发展需要企业实施回收，需进行相关分析。②服务商选择。确定战略后，根据自身条件和供应商实力选择相应的服务外包。③合同制作与签订。选定供应商并谈好合作方式后，以合同方式确认契约。④正式运营。签订合同后，第三方公司开始正式对委托公司产品进行回收和再利用处理。⑤运营关系维护。在运营过程中，对回收业务的代理公司进行监督和管理。

6.2.2　电子废弃物回收外包风险分类

电子废弃物回收业务从战略制定到实施外包是一个完整的项目流程，这是企业内部的决策和管理问题。同时，这个项目不仅受到委托代理双方企业的影响，也会受到很多外部因素的影响，如政府相关的环保政策或者市场对回收量的需求。因此，本章将电子废弃物回收外包风险按照阶段与外部影响分为四大类：外包前期风险、外包运营风险、外包后期服务风险(前三者为内部风险)、外部风险。

1. 外包前期风险

1) 选择风险

大型电子制造商一般通过招标的方式来选择供应商，然后评定竞标企业的能力，最后确定供应商。但是工程项目的负责人往往在采购中带有倾向色彩，导致在选择的初期发生合谋行为。在选择电子废弃物回收公司时，很多公司没有考虑自身条件，导致服务商的技术与公司回收的产品出现匹配度的问题，从而在合作的时候出现问题。如果外包服务企业不能够及时启用针对性的回收的处理技术，以及采用一些由社会技术进步产生的新技术的话，便会降低回收利用的效率，这也会给电子生产企业带来一定的损失。还有一些公司在选择服务商时没有足够了解外包公司的情况，在合作过程中，第三方企业的回收能力与企业对回收的要求很有可能出现较大的差异，甚至使电子生产企业回收的战略随之"流产"，给企业带来重大损失。

2) 契约风险

电子生产企业和回收服务的提供商通过服务契约来确立委托代理关系，委托的目的也就是更好地利用有限的资源发展其核心业务，也有利于企业降低运营成本。但是在制定契约的时候往往会出现各种问题，首先，可能会出现由合同条款的责任方界定不明晰造成的风险。完善的物流合同应该明确界定所有的物流服务提供商所可能提供的服务的所有细节，这些细节涵盖回收、仓储、运输、加工的所有的工作责任与工作范围。并且需要对外包运营过程中产生的所有可能的损失赔偿责任做出规定，以及对一些保险责任、风险承担责任做出明确说明。很多委托方与代理方相互推诿责任的案例都是由合同的责任界定不明晰造成的。另外，当合同中的一些条款未规定明确时，物流回收服务提供商便很有可能针对含糊不清的条款来索要更多的价格。比如，物流企业回收时因天气原因或者消费者的某些不确定因素而使用了超出预期的劳动，而合同中规定的只是一般回收价格，这时就很有可能产生责任不明晰的冲突。

2. 外包运营风险

1) 信息风险

由于每个企业目标不同，企业文化、组织结构及企业的工作方式不同，在外包的过程中很有可能会出现一些信息风险，而这些风险主要有两个方面的含义：一方面是指委托人(即生产企业)在选择代理人(即第三方回收企业)时，代理人向委托人隐瞒了一些可能造成负面影响的消息，同时在运营过程当中也可能会向委托人隐瞒一些数据上的漏洞或者是失误，以此来"提高"自己的业务水平。另一方面，企业都是追求利润最大化的，第三方回收企业同样如此，因此它可能会接受多家相同业务的公司的回收服务，并且了解每家公司的基本业务情况，如每个地区的客户源。在实际运营过程中，第三方回收企业自己也能够统计出其委托方公司在每个区域的大致销量等重要数据。这些数据不仅对委托方企业很重要，在竞争市场中也是非常重要并且非常抢手的资源。第三方回收企业很有可能因为较高的利润诱惑而出卖委托方企业的商业机密，以此来谋取利润。并且，在商业市场中，部分大型生产商凭借第三方企业对其较强的依赖性而迫使第三方企业透露与其竞争的中小企业的信息。这种外包模式对整个市场竞争环境的成长是非常不利的。

2) 管理风险

生产企业将电子废弃物回收外包后，试图消除合作双方由文化差异、管理模式带来的隔阂并处理好本公司由外包带来的人员变动的过程所产生的风险被称为管理风险。企业在外包回收的业务之前，一般设有专门的岗位的职员来处理这项未被重视的业务，但是在外包之后，公司内部相应的岗位必然会被闲置下来，如果对这些员工安置不当的话则会引起内部员工的不满和抵触情绪，引发管理风险。并且生产企业需要随时关注外包业务的进展及每个周期的回收效率。但是实际上，很多公司对于外包公司过于信赖，并且不愿意再单独增加一定的管理成本。所以，并没有制定一些专门性的考核绩效或者设立专门的监督机构来跟进这个业务。这样会失去对第三方企业的控制，在一定程度上也失去了对公司回收业务的控制。另一个极端的情况便是有些企业对外包商的考核和监督过于严厉，甚至直接干预到外包公司的正常运转，这种行为通常会造成服务商的不满，从而产生矛盾，如果不及时处理，可能会导致矛盾进一步加深，最后很可能导致外包关系的结束。所以生产公司必须加强与外包公司的沟通，了解业务进展的实时动态，并且在双方间建立高效的合作机制，加强双方之间的信任，促使双方能够顺利且高效地合作。

3）财务风险

电子生产企业外包回收业务最直接的目的是降低成本，但是若出现财务风险，很可能导致企业在这一业务上入不敷出。这里的财务风险也主要是体现在两方面：一方面是企业为促成这次合作所产生的隐性成本。企业管理成本及促成这个合作所产生的交易成本等隐性成本非常容易被忽视，在会计核算中没有以成本的方式体现出来，企业也非常容易对每种产品的生命周期预算失误而导致企业初期的财务超支及利润降低等风险。从另一个方面来说，目前我国的电子废弃物的回收外包还处于初级阶段，缺少一套完整的会计核算体系来支撑外包业务。所以当电子生产企业决定将自己的电子废弃物回收的业务进行外包的时候，经常会由于对外包的支付标准不甚了解，在前期与外包服务商签订合同时可能会支出高于市场的平均服务价格。例如，很多第三方服务商会将自身设备的折旧费、维修费、燃料费等日常损耗费用加入服务价格中，导致服务费用上升。

4）供应商风险

选择供应商是回收外包业务战略实施中最基础也是最重要的一步，如果供应商选择不当，会对后来的业务造成很严重的影响。这些影响主要也体现在两个方面：首先，在确立外包关系并开始正式运营该业务之后，外包供应商有可能突然终止合同，停止对生产公司的外包服务。这种情况下，企业又需要耗费很多的资源来寻找新的供应商，这样下来，企业会延误市场时机，更严重的可能会导致核心业务资源配置的减少。出现这种情况的原因大多数是企业在与第三方服务公司签订合作合同时疏漏了一些条款，这样第三方公司便可能钻空子，令生产企业蒙受损失。其次，风险也可能存在于供应商的内部，在招标时，第三方企业在竞标时很有可能为了提高自己的竞争力而故意夸大一些自身的能力，导致在正式承接生产公司的回收业务的时候，自身能力不能够消耗完应该回收的电子废弃物的数量。同时，第三方企业也有可能会掩盖自身财务或者管理上的一些不足，实际的内部经营状况并不好，与招标时的标准相差太多。真正开始运营时，一些技术不能匹配公司的实际产品，有的回收拆解标准也不能够达到国家的要求水平，自然地，会造成一些运营过程中的障碍，降低回收效率，给生产公司造成一定的损失。

3. 外包后期服务风险

在外包的后期，如果回收业务持续交给同一家服务商来运作的话，则很有可能对该服务供应商产生强烈的依赖。这种依赖性随时可能使生产企业处于被动地位，例如，服务商要求上涨价格时，生产企业会考虑更换供应商，但是当更换供应商的交易成本、转换成本及培养新的供应商所带来的成本大于之前服务商要求涨价的成本时，客观上来看，选择接受供应商的涨价是更经济的，但是这样企业会减少很多收益。另外，如果过分依赖一家服务商，当该服务商的创新能力降低时，会带来处理效率的降低。这时，更换服务商的成本也会很大，因此企业会陷入很大的困境。另外，作为电子生产企业，售后市场中对损坏货物的鉴定记录及回收电子废弃物时的反馈这两大信息是很重要的，因为企业能够根据这些信息来判断自身产品的不足，以及市场上客户对自己的产品的反馈，在今后的产品设计中能够更多地体现顾客的意愿。但是，若将回收业务一直外包给第三方公司，电子生产企业则会很难接收到客户的反馈及残次品的损坏情况的反馈，相应地也就失去了对市场反应的能力。从长远来看，一个企业若是不能及时响应客户的需求并改进自己的产品，这个企业则会逐步丧失自己的竞争力，导致市场份额的减少。

4. 外部风险

外部风险指由市场波动等外部环境造成的风险，这种市场环境风险既可能由供应链前端的原材料、劳动力价格的变动所引起，也可能由消费者需求量的变化所引起。当国内经济环境景气时，劳动成本及原材料的价格便也随之上涨，由于生产企业与外包企业是按照合同的价格来运营业务的，这时物流的价格高于签订合同时的成本，生产企业受益；但是当国内经济不景气时，各项成本均低于合同签订的价格，这时生产企业便会亏损。另外，生产企业对新产品的需求量也不能够很好地预测，在这种情况下，也不能够给第三方回收企业一个确切的预期量，并且这种需求量受季节、价格等市场因素的影响很大。就算能够准确地预测出每种产品在每个地区的销售量，但是由于客户的个体差异性很大，很难保证每位客户都有自觉回收的意愿，若预测回收量过大，可能导致第三方回收企业的产能过剩，徒增成本。若预测过小，则可能导致第三方回收企业的产能不足，这样又不能够满足生产企业的需求。表 6-1 为上述风险的集合。

表 6-1　电子废弃物回收外包风险表

顶事件	中间事件		底事件
外包风险因子	电子废弃物回收		
	外包前期	选择风险	供应商实际技术指标不达标 C_1
			外包服务商过于单一 C_2
			招标合谋 C_3

续表

顶事件	中间事件		底事件
	外包前期 契约风险	外包契约不规范 C_4	
		服务价格虚高 C_5	
	信息风险	信息不对称 C_6	
		信息泄露 C_7	
电子废弃物回收外包风险因子	管理风险	内部人事管理	人事变动较大 C_8
			绩效考核不完善 C_9
		外部供应商管理	监管风险 C_{10}
	财务风险	财务预算风险(隐性成本)C_{11}	
		前期投入财务风险 C_{12}	
	供应商风险	供应商临时终止 C_{13}	
		供应商公司运营状况不佳 C_{14}	
	外包后期服务	过度依赖供应商 C_{15}	
		不能接触终端客户 C_{16}	
	外部风险 市场环境风险	市场价格波动 C_{17}	
		企业产品销量不稳定 C_{18}	

6.3 电子废弃物回收风险呈现

电子废弃物回收外包的过程较为复杂,整个业务生命周期的不同阶段涉及不同的风险,并且在各个风险间也会存在相互影响的情况,为了便于后面的风险识别和分析,本章首先采用故障树分析法来理顺各个风险之间的逻辑关系。

6.3.1 故障树分析法

故障树分析法是在系统工程中诊断故障的一种方法。它既可以被用作定性分析,也可以作一系列精确的专业化分析。它最开始被使用在贝尔实验室,被当作风险诊断的工具。近年来，许多专家将其使用在风险诊断与事故控制领域，均取得了一些有效的成果。在物流及供应链领域，也有许多学者尝试应用它来分析供应链环节中的可靠性，也都取得了不错的效果。像真实的树一样，故障树主要由时间符号和逻辑符号构成，这样可以将复杂的关系以图像的方式直观地呈现出来。通过这种树状的结构也可以很清楚地看到风险传递的过程及流动的方向。通过故障树来呈现问题能够使分析问题的难度大大降低。图 6-2 是故障树具体的构成。

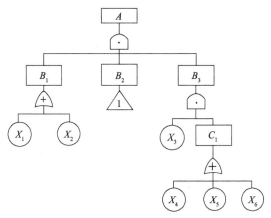

图 6-2　故障树基本结构图

故障树的结果一般由事件符号和逻辑符号构成，其中事件符号表示在整个流程中可能发生的事件，而逻辑符号则表示的是事件与事件之间的关系。它们又由不同类型的子事件和符号构成，如表 6-2 所示。

表 6-2　故障树符号表

		含义	地位	符号
事件符号	顶事件	研究者最关心的事件	最重要	A
	中间事件	位于故障树中间部分的事件	重要	B_1、B_2、B_3
	底事件	位于故障树最底端的事件	最基本	C_1
逻辑符号	逻辑或门	一个或一个以上事件成立	相同	△
	逻辑与门	所有输入事件同时成立	相同	△
	转移符号	代表某处转让或转出		△

6.3.2　电子废弃物回收外包风险故障树分析

　　电子废弃物回收外包风险指的是从选定供应商到结束服务的整个外包流程的管理风险，由于这种外包项目是一个长期的过程，并且风险的潜伏期很长，委托方和代理方在物流、信息流和资金流的衔接过程中极有可能产生各种风险，利用故障树方法，能够梳理各种风险之间的因果关系，可以利用演绎法来推算出外包过程中最脆弱的环节，并综合治理。另外，由于电子废弃物回收外包过程是一个相对复杂的流程，利用故障树能够使各种风险显而易见地呈现出来，并将风险转移的过程都描绘出来。

　　根据故障树的定义，将影响最大的事件作为故障树的顶事件，这里将电子废弃回收外包中的总风险设为顶事件，直接导致顶事件发生的事件便作为中间事件，根据外包流程的风险可以将中间事件分为四大类：①外包前期风险。这部分风险主要涉及供应商的选择和委托代理关系的建立，这部分的风险具有极大的潜在性。②外包运营风险。这部分则是在供应商正式开始运营后产生的风险，风险在委托方和代理方都有可能发生。③外包后期服务风险。这部分风险主要是指生产企业在外包业务后，有可能遭受后期维护的风险。④外部风险。这部分的风险主要是市场需求波动导致的，有可能使企业的销售量不稳定，导致回收量同样难以预计。在界定了中间事件后，根据这些事件与顶事件的关系，用相应的逻辑门将事件进行连接。再按照同样的思路，对中间事件的子事件进行界定后再进行逻辑关系的判断。按照这样的方法逐层划分，直至不能够再分解为止，这样便可以得到相应的底事件，也就是顶事件发生的根本原因。划分完底事件后便形成倒置的树状结构，理论上便是电子废弃物回收外包风险的故障树。

6.3.3　电子废弃物回收外包风险故障树构建

　　上文将电子废弃物回收外包过程中的总风险作为顶事件，外包前期风险、外包运营风险、外包后期服务风险、外部风险这四个风险作为中间事件。由于这四个风险中任意一个风险的发生都代表着总风险发生，这四个事件与顶事件用逻辑或门连接。同时这四个风险分别分解为选择风险、契约风险、管理风险、信息风险、财务风险、供应商风险、市场环境风险等，再继续往下划分，得到 18 个底事件，根据划分所得的关系，可以绘制故障树如图 6-3 所示。

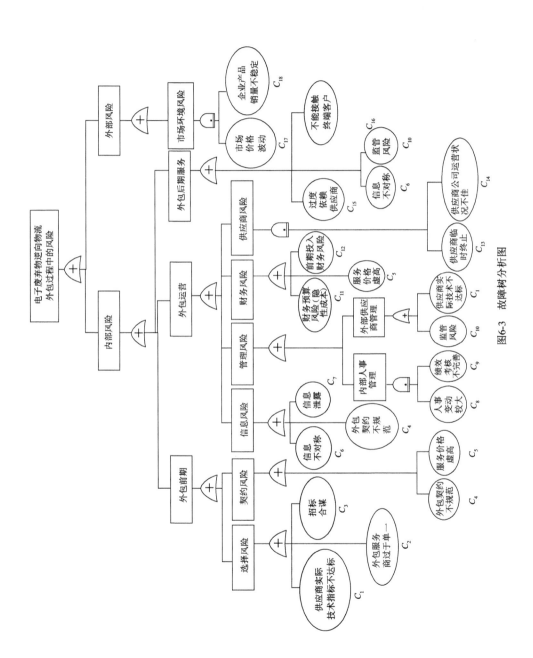

图6-3 故障树分析图

6.4　电子废弃物产业链回收风险评价

虽然利用表和故障树能够用图论的方式直观地将风险展示出来，但是一般要利用序贯搜索算法对故障树进行分析，分析效率较低。如果需要高效准确地分析其风险之间的因果关系，得到互相影响的机理，可以用贝叶斯网络模型进行定量分析。这里将 6.3 节的故障树模型通过投影规则投影到贝叶斯网络中，通过专家评价得到风险的权重后输入软件 Netica 进行分析。

6.4.1　贝叶斯网络模型

贝叶斯网络模型是基于贝叶斯公式的一种图论分析工具。具体来说，它是一个带有条件概率的有向无环图，其中的节点表示随机变量，有向边表示随机变量之间的条件依赖关系。

如图 6-4 所示，以节点 C 为例，由 C 出发的边指向 D，则 D 称为 C 的子节点；由 A 出发的边指向 C，则 A 称为 C 的父节点，记作 $\mathrm{Pa}(C)$。对应于 A 的不同取值，随机变量 C 的取值的概率也会有所不同，也就是说，C 关于 A 不同取值的条件概率会有所不同，那么将 A 的各种取值下 C 取值的条件概率列成表（表 6-3），就是图中 C 的条件概率表（conditional probability table，CPT）。图中每个节点对于父节点的不同情况，相应地都有一个条件概率表，结合 D-Separation 准则给出的条件无关的判定，我们就可以得到联合分布公式：$P(X_1, X_2, \cdots, X_n) = \prod_{k=1}^{n} P\left(X_k \mid \mathrm{Pa}(X_k)\right)$，其中 X_k （$k=1,2,\cdots,n$）为随机变量。

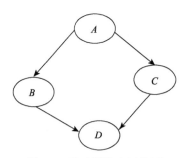

图 6-4　贝叶斯基本网络图

表 6-3　节点 C 的概率

	$C=0$	$C=1$
$A=0$	0.3	0.7
$A=1$	0.15	0.85

6.4.2　故障树模型映射到贝叶斯网络规则

假设用 0 或 1 表示事件发生与否，其中 0 表示不发生，1 表示发生，那么故障树中的逻辑门可以依照图 6-5 和图 6-6 唯一地转化成贝叶斯网络关系图。

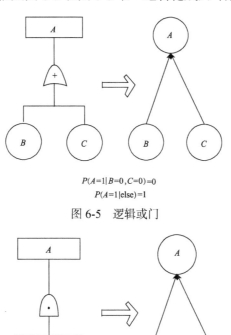

$$P(A=1|B=0,C=0)=0$$
$$P(A=1|\text{else})=1$$

图 6-5　逻辑或门

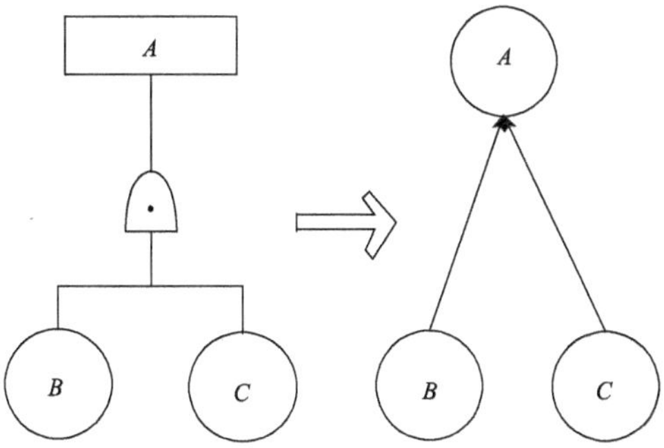

$$P(A=1|B=1,C=1)=1$$
$$P(A=1|\text{else})=0$$

图 6-6　逻辑与门

对于条件或门和条件与门，可以将条件设为类似于 B、C 的节点，然后作同样的处理将它们化成贝叶斯网络图。然而相比于故障树，贝叶斯网络反映事件关系的能力更强。具体来说，贝叶斯网络的节点与父节点的关系不仅有逻辑"或"和"与"的关系，还有条件概率处于 0 和 100% 之间的关系，这大大丰富了它描述事物的能力。因此，为了更接近于现实风险的模糊性和不确定性，用贝叶斯网络法来改良故障树，对外包前期、外包运营、外包后期服务、外部风险对于总风险发生的影响给予更准确的描述。而对于底层的子风险，为了不使问题过于复杂，依旧采用逻辑或门来描述它们与中间风险的关系得到的贝叶斯网络图。具体的映射规则如表 6-4 所示。

表 6-4　故障树映射贝叶斯网络规则表

故障树	映射	贝叶斯网络	规则
事件	⟶	节点	故障树中的顶事件、中间事件和底事件分别转换成贝叶斯网络中的父节点与子节点。若故障树中出现重复事件，贝叶斯网络中仍只取一个节点表示
关系	⟶	连线	故障树的关系可以对应贝叶斯网络中的连接线。只是故障树中是从顶事件到底事件，但是在贝叶斯网络中是从子节点到父节点的箭头指向
逻辑	⟶	条件概率	故障树中用或门或者与门相连接的逻辑关系，在贝叶斯网络中可以用条件概率来表示

6.4.3　贝叶斯网络构建与分析

1. 贝叶斯网络构建

按照上述故障树模型映射到贝叶斯网络的规则，利用 Netica 软件，将图 6-3 所示的电子废弃物回收外包风险的故障树转化为贝叶斯网络图 (图 6-7)。

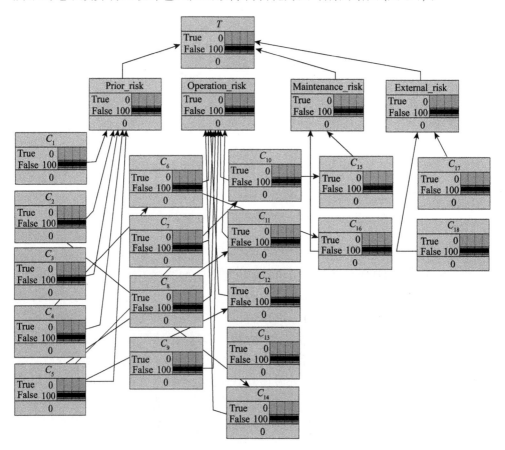

图6-7　电子废弃物回收外包风险贝叶斯网络图

2. 贝叶斯网络计算

1) 风险评价权重获取

在设计好贝叶斯网络之后，需要对每个风险的概率进行评价，且对风险的严重程度进行评级，通过专家小组评论法来得到相关的权重。权重分为两方面：一个是对每个风险的发生频率的评定；另一个是对每个风险发生的危害的等级的评定。为了计算和后面的风险矩阵量化的方便，频率和危险等级均划分为 0.1、0.3、0.5、0.7、0.9 这五个等级。通过专家小组意见得出风险评价权重(表 6-5)。

表 6-5 风险评价权重

子节点	概率等级	严重程度	综合风险	风险等级	频率等级
C_1	0.3	0.5	0.15	3	2
C_2	0.7	0.3	0.21	2	4
C_3	0.5	0.3	0.15	2	3
C_4	0.7	0.5	0.35	3	4
C_5	0.1	0.7	0.07	4	1
C_6	0.1	0.7	0.07	4	1
C_7	0.9	0.3	0.27	1	5
C_8	0.3	0.5	0.15	3	2
C_9	0.3	0.5	0.15	3	2
C_{10}	0.7	0.3	0.21	2	4
C_{11}	0.3	0.3	0.09	2	2
C_{12}	0.3	0.1	0.03	1	2
C_{13}	0.7	0.3	0.21	2	4
C_{14}	0.3	0.3	0.09	2	2
C_{15}	0.3	0.3	0.09	2	2
C_{16}	0.5	0.3	0.15	2	3
C_{17}	0.7	0.1	0.07	1	4
C_{18}	0.5	0.3	0.15	2	3

2) 风险评价权重计算

在 Netica 构造电子废弃物回收外包的贝叶斯模型，在确定风险因素的概率无误后，将这些因素的概率输入模型中，如图 6-8 所示。

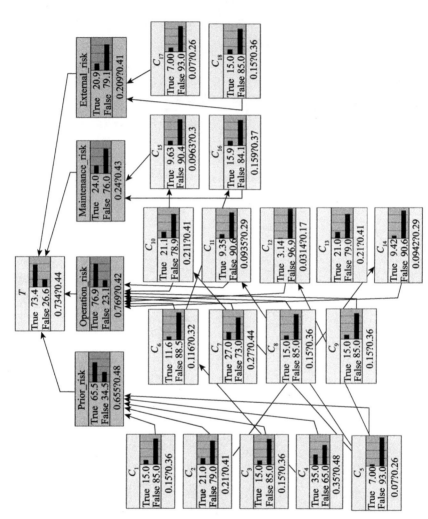

图6-8　输入权重后的电子废弃物回收外包风险贝叶斯网络图

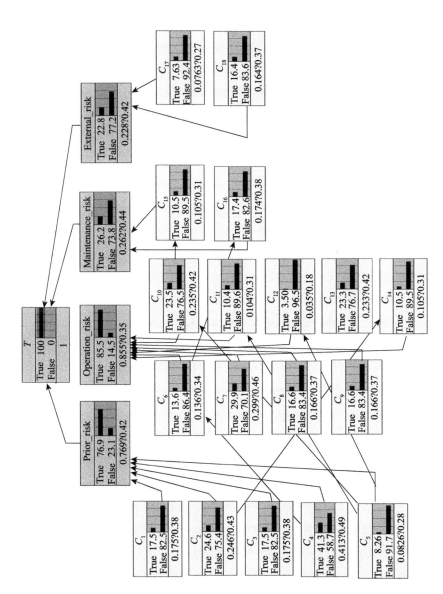

图6-9 总风险发生时的电子废弃物回收外包风险贝叶斯网络图

点击 T 的 True，令总风险 T 发生，表达的意思即为：当风险发生时，可以观测哪个风险的概率最大。可以观察到各个风险元素发生的概率(图 6-9)。

(1)通过观察可以发现 C_i 的 True 值，即 $P(C_i|T)$，说明 C_2、C_4、C_7、C_{10} 是易发风险，对总风险 T 很关键。其中，C_2 表示外包服务商过于单一；C_4 则代表外包契约不规范；C_7 表示供应商的信息泄露风险；C_{10} 代表监管风险。C_2、C_4 这两个风险属于决策前期的风险，而 C_7、C_{10} 这两个风险则属于外包运营时的风险。

(2)虽然是不同运作过程中的风险，但是这四个易发风险都是由对供应商的监督和约束不足造成的，只是这几个风险分别强调了合同约束、绩效约束及保密约束等不同方面，从这个分析结果可以看出：对供应商的管理是外包过程中风险控制最重要的一步。

3. 贝叶斯网络灵敏度分析

灵敏度分析是令总风险从 0 到 100，观察到的 $P(C_i|T)$ 的变化率，用数学的公式表示也就是 $S=\Delta[P(C_i|T)]/\Delta[P(T)]$。也就是观察当电子废弃物回收外包的总风险增加时，哪个风险因素概率会有较大的涨幅，通过 Netica 的 Network-Sensitivity to findings 可以得到相应的分析，结果如表 6-6 所示。

表 6-6　灵敏的分析表

元素	方差	占比/%	相互性	占比/%	方差百分比
T	0.1953	100	0.835 69	100	0.195 2522
Prior_risk	0.030 75	15.7	0.110 22	13.2	0.030 7505
Operation_risk	0.022 35	11.4	0.075 93	9.09	0.022 3538
C_4	0.009 408	4.82	0.037 57	4.5	0.009 4079
C_2	0.004 219	2.16	0.017 24	2.06	0.004 2194
C_3	0.002 742	1.4	0.0113	1.35	0.002 7417
C_1	0.002 742	1.4	0.0113	1.35	0.002 7417
C_7	0.002 332	1.19	0.009 05	1.08	0.002 3325
C_6	0.002 237	1.15	0.009 34	1.12	0.002 2367
C_{10}	0.001 781	0.912	0.006 97	0.834	0.001 7809
C_{13}	0.001 676	0.859	0.006 55	0.784	0.001 6764
Maintenance_risk	0.001 441	0.738	0.005 56	0.665	0.001 4409
C_5	0.001 306	0.669	0.005 49	0.657	0.001 3058
External_risk	0.001 168	0.598	0.004 51	0.54	0.001 1676
C_9	0.001 113	0.57	0.004 37	0.524	0.001 1129

续表

元素	方差	占比/%	相互性	占比/%	方差百分比
C_8	0.001 113	0.57	0.004 37	0.524	0.001 1129
C_{16}	0.000 8867	0.454	0.003 45	0.413	0.000 8867
C_{18}	0.000 7775	0.398	0.003 02	0.361	0.000 7775
C_{14}	0.000 7489	0.384	0.002 98	0.356	0.000 7489
C_{11}	0.000 7275	0.373	0.002 89	0.346	0.000 7276
C_{15}	0.000 4756	0.244	0.001 86	0.222	0.000 4756
C_{17}	0.000 3316	0.17	0.0013	0.155	0.000 3316
C_{12}	0.000 2335	0.12	0.000 93	0.112	0.000 2335

在 C_i 子风险中，排名靠前的是 C_4、C_2、C_3、C_1、C_7、C_6、C_{10}、C_{13}，通过与上述计算的风险对比，风险 C_4、C_2 既是总风险排名前列的，也是灵敏度分析中靠前的风险，这两个风险都是外包前期发生的风险，分别为外包服务商过于单一及外包契约不规范。可见开展外包业务前期所进行的决策是非常重要的，其潜在风险也是最大的。

本节通过将故障树中的风险映射到贝叶斯网络进行了分析，通过将总风险发生的概率调整到 100%观察总风险发生时各风险发生的概率，并且观察到当总风险发生的概率变成 100%时，其他子风险发生的概率变化的幅度。发现外包前期的风险不论是在总风险，还是增长幅度上，都要大于其他的风险。

6.5　电子废弃物产业链回收风险控制

在通过贝叶斯网络计算出关键风险之后，需要识别关键风险之间的关系，对风险进行控制。本章将运用 HAZOP-LOPA 集成风险分析法对因果关系强烈且影响较大的风险进行重点控制，运用蝴蝶结模型来对整体风险进行控制。

6.5.1　电子废弃物回收重点风险控制

1. HAZOP-LOPA 集成风险分析

HAZOP-LOPA 是两种不同方法的结合，常被用于工艺流程的故障分析。其中，HAZOP(hazard and operability analysis)即危险与可操作性分析，它主要是通过对工艺流程的运作衔接的状态分析来找出运作过程中的一些缺陷或者风险。LOPA(layer of protection analysis)即保护层分析，主要是在 HAZOP 识别偏差之后而采取的防护措施，并且能够量化保护层对风险弱化的程度。LOPA技术是一种半定量的风险评价方法，它的引入可以改善在 HAZOP 分析中存在的不能定量地识别风险的不足，除此之外，与其他定量风险技术相比，它是一种更容易操作的、较为简单的系统分析方法。HAZOP-LOPA 集成风险分析则是定性与定量分析的结合，既能识别风险的因果联系，又能量化削弱风险的程度，所以是风险识别方面广泛使用的一种分析工具。

2. 电子废弃物回收 HAZOP-LOPA 集成风险分析步骤

在一般的 HAZOP-LOPA 风险分析的流程的基础上，对电子废弃物回收的关键风险分析可以按照以下步骤进行。

(1)在 HAZOP-LOPA 集成风险分析中需要熟悉研究对象的运营流程。在回收外包中则需要了解生命周期中的外包前期、外包运营和外包后期的各个环节。

(2)借助风险矩阵对偏差进行 HAZOP 分析。风险矩阵表根据事故发生频率及后果的严重程度划分，在这个环节中需要根据之前专家的打分划分出电子废弃物外包的风险矩阵表(表 6-7)。

表 6-7　风险矩阵表

后果严重程度	事故发生频率				
	1	2	3	4	5
1 低	1	2	3	4	5
2 较低	2	4	6	8	10
3 中	3	6	9	12	15
4 高	4	8	12	16	20
5 较高	5	10	15	20	25

(3)分析偏差引起的潜在危险、原因及后果。在本章中则需要根据贝叶斯网络的分析结果来确定回收外包中权重较大的风险之间的关系，并分析事件之间的逻辑关系，排列先后顺序。

(4)在 LOPA 分析中需要设置防护层的措施，并且计算每个防护层的措施的失效概率。在电子废弃物回收外包的过程中，针对之前界定的一系列事件来设置防护层，并通过专家分析法来分析每个防护层失效的概率。

(5)计算保护层削弱风险的程度。在给电子废弃物外包环节重点风险设置防护层之后，结合事故后果等级与减轻事件的频率等级，重新依照风险矩阵表计算风险大小。

3. 电子废弃物回收 HAZOP-LOPA 集成风险分析

通过贝叶斯网络模型分析，基本事件 C_2 容易导致供应商的管理难度增大，同时自身议价能力减弱，不仅造成对供应商的依赖，还会增加财务负担。选取外包服务商过于单一为网络故障节点，对该节点所包含的风险进行 HAZOP-LOPA 集成风险分析。

在分析中，事故的后果严重程度的计算是利用贝叶斯中的专家小组讨论中的权重得到，例如，C_2 发生的概率为 0.7，严重程度为 0.3，所以对应的频率等级为 4，风险等级为 2，再依据风险矩阵图可以得到该风险的风险等级为 8。按照这种方式计算，结果见表 6-8。

表 6-8　电子废弃物回收外包 HAZOP-LOPA 集成风险分析

事故场景描述	后果 严重程度	风险可接受 不可接受值	容许值	始发事件 描述及频率	中间事件 描述及频率	后果事件 描述及频率
供应商的选择较为单一，导致供应商难以管理同时由此丧失议价能力，会增加财务风险，并过度依赖供应商	8	0.4	0.2	供应商的数量较少，每个环节供应商单一 0.7	(1)供应商负责的环节和业务较多，管理较难 0.7 (2)缺乏与供应商还价议价的能力 0.1	(1)在业务上过度依赖供应商 0.3 (2)增加财务负担 0.3

未减轻事件 频率	概率等级	风险等级	独立防护层措施 描述	概率	减轻事件 频率	频率等级	剩余风险等级	建议措施
0.7	4	2	(1)完善质量和绩效标准	0.3	0.1	1	2	采用公开招标的方式在外包商选择各环节采用不同供应商
			(2)合同中明确规定各项服务价格	0.3				

(1)首先是进行 HAZOP 分析，即识别风险并理清之间的关系。在贝叶斯网络模型分析的结果中可以发现 C_4、C_2、C_3、C_1、C_7、C_6、C_{10}、C_{13} 都是易发风险，即需要重点防控的风险。这些风险分别是外包契约不规范、外包服务商过于单一、招标合谋、供应商实际技术指标不达标、信息泄露、信息不对称、监管风险、供

应商临时终止。通过实际运营过程可以发现这些风险因素之间存在一定关系，信息不对称、信息泄露、招标合谋等导致外包服务商过于单一，引发供应商实际技术指标不达标、外包契约不规范，导致监管风险和供应商临时终止。

（2）描述完事故场景之后需要对风险设置屏障，即对中间事件进行控制。中间事件分别为供应商实际技术指标不达标和外包契约不规范，所以建议完善质量和绩效标准、在合同中明确规定各项服务价格。

由表 6-8 可知，供应商数量较少，每个环节的供应商数量单一未减轻时的频率为 0.7，高于其容许值 0.2，在针对中间事件分别设置了"完善质量和绩效评估"和"合同中明确规定各项服务价格"的保护层之后，风险频率由 0.7 降到了 0.1。并且风险等级由之前的 8 级降到了 2 级。

6.5.2　电子废弃物回收全面风险控制

通过贝叶斯网络进行风险分析找出薄弱环节，并用 HAZOP-LOPA 集成风险分析进行控制之后能够大大减少电子废弃物回收运营中的风险。但是废弃物回收是一个系统性工程，只对重点风险进行控制是不能够满足运营的要求的，所以本章引入蝴蝶结模型来对电子废弃物回收外包风险进行全面控制。

1. 蝴蝶结模型

蝴蝶结模型是一种全面风险管理的模型，它是故障树和事件树的结合体，通过对这两"树"的对比观察能够直观地了解风险的发生原因和发生后果。在了解了风险之间的前因后果之后，便需要在事件中间设置安全屏障。整体的蝴蝶结构模型如图 6-10 所示。

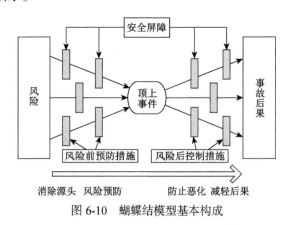

图 6-10　蝴蝶结模型基本构成

从图 6-10 中可以看到，左侧是由故障树代表的事件原因，右边是由事件树代表的事故后果，中间则是安全屏障。由于前文已经描述并展示了各项风险，本节重点描述安全屏障。安全屏障分布于两侧，在故障树一侧的表现为预防屏障，是在风险发生之前对风险的控制。而在事件树一侧分布的屏障则是保护屏障，是指在风险发生之后，以减小风险带来的损失为目的而设置的屏障。两者结合能够全面地预防和控制每个风险的发生。

2. 电子废弃物回收风险的蝴蝶结模型分析步骤

(1)识别最重要的危险事件作为分析的顶事件。如故障树中一样，本章将电子废弃物回收外包发生的总风险作为顶事件。

(2)分析造成顶事件的各种原因。本章则需要识别总风险下的各个直接或者间接的子风险，然后在总风险和各个子风险之间画线连接。

(3)设立防范风险源头的风险屏障。了解电子废弃物回收的总风险与各个子风险之间的传导机制，然后提出相应的预防性措施。

(4)识别顶事件可能造成的后果。需要识别总风险可能导致的各种风险事故，然后在总风险和各个事故之间画线连接。

(5)设立控制风险事故的风险屏障。了解电子废弃物回收的各事故与各子风险之间的因果关系，然后提出相应的控制和治理措施。

3. 电子废弃物回收风险的蝴蝶结模型分析

在电子废弃物回收风险的蝴蝶结模型分析中，需要明确划分故障树和事件树，前面已经详细阐述了实际运作中可能产生的风险及风险可能带来的影响。内部风险被划分为选择风险、契约风险、信息风险、管理风险、财务风险和供应商风险，通过分析也可知选择风险会导致"回收质量不达标"；契约风险会导致"发生事故无责任方承担"；信息风险会导致"泄露商业机密"；管理风险会导致"人才流失"；财务风险会导致"财务亏损"；供应商风险会导致"丢失客户"。

当然，不是每种风险都只会产生一种影响，各种风险和事故都可能具有交叉性。在分析中为了更方便直观，所以这样来阐述。将所描述的 6 个事故作为事件置于蝴蝶结模型的右侧，可以得到以下模型(图 6-11)。

如图 6-11 所示，顶事件是回收外包的总风险，左侧是由运营风险组成的故障树(未纳入外部市场风险)，左侧针对每一种风险都设置了专门的屏障，这部分的屏障强调的是对风险未发生时采取的防范措施，主要体现在合作机制的建立和完善上，如与供应商系统对接，建立供应商奖励机制等。右侧则是相对应的左侧每个风险可能导致的风险事故，右侧的屏障则着重强调的是事故发生后的治理措施，这部分的屏障则主要强调的是事故原因的追溯和事故责任的界定，如向法院申诉、增加合同条款规定责任方等。具体的风险防控如下。

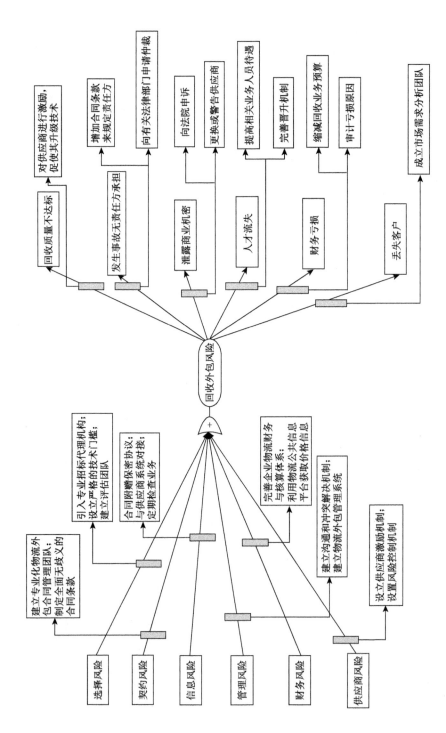

图6-11 电子废弃物蝴蝶结网络模型

1) 针对选择风险及其后果事件

在决定实施回收业务并选择物流供应商之后,可以引入专业的招标代理机构,以此消除招标产生的合谋可能。同时,为了防止选择的供应商的技术不达标或者能力不匹配,也可以在初期对供应商的资产状况、技术能力、合作伙伴等要素做出严格规定,减小后期的各种风险。当风险发生后,可能会选择到技术不达标的供应商,这种情况下需要引入第三方竞争机制,并利用一定的激励措施来督促供应商进行技术升级。

2) 针对契约风险及其后果事件

在制定合同的时候,可以在公司内部建立或者引入外部的专业化的合同管理团队,同时,通过咨询相关的物流专业机构,了解回收可能涉及的各个环节及各环节的市场服务价格,通过合同的方式一一列明。对有歧义的条款,应仔细与代理方协商后订立。当风险发生后,可能会存在风险没有责任方承担的事件,这种情况下可以通过协商解决。如果协商不能解决,则可以申请相关部门仲裁。

3) 针对信息风险及其后果事件

为了防止信息泄露的风险,电子生产企业可在签订合同时附加一份保密协议,这样能在法律上有所保障。同时,为了防止供应商为了巨大利益而违法泄露商业机密,应该与供应商建立商业伙伴的关系,达到利益共享、风险共担,这样能从根本上防止信息风险。假如风险发生,首先需要追究供应商的责任,然后更换供应商或者给供应商以警告。

4) 针对管理风险及其后果事件

在对供应商进行管理的时候,首先需要有一定的激励机制。但是只靠这个是不能达到科学管理的,同时应该建立电子废弃物回收管理信息系统,或者将回收的业务纳入公司原有的系统当中,使业务对接,信息传递畅通。另外,也应该建立沟通和冲突解决机制,防止由冲突导致的业务效率下降。当管理风险发生,对内部相关人员可提高相关待遇,并完善晋升机制。对供应商则可以提高激励标准,以此来提高其积极性。

5) 针对财务风险及其后果事件

为了防止电子生产企业内部出现财务风险,应该完善企业关于物流业务的核算体系,定期核算账务。同时,应该利用当地的物流公共信息平台搜集并了解各类物流服务的市场价格,核准供应商对这些服务的报价。当风险发生后,应审计并追查财务亏损的具体原因,对症下药。若财务预算过多,则应考虑在下一个预算年度相应地减少回收的财务预算。

6) 针对供应商风险及其后果事件

供应商自身可能出现临时终止业务或者供应商自身运营状况不佳等风险，为了更好地防范这些风险，委托企业同样应该与供应商建立合作伙伴的关系，达到利益共享。这样供应商终止业务对其自身也会产生很大的影响。当这样的风险发生，则应在更换供应商的同时尽量维持客户的满意度。

6.6　本　章　小　结

本章梳理了电子废弃物回收过程中的风险，构建了风险体系之后对风险进行了全面管理。首先，利用故障树模型按照各风险之间既定的逻辑结构，用图论的方式将风险展现出来。但考虑到故障树在处理风险数据上的不足，便在故障树结构的基础上，根据故障树和贝叶斯网络之间的投影规则将其映射到贝叶斯网络中，并将处理之后的专家问卷调查的结果输入各网络节点进行计算与灵敏度分析，也得出了相应的结论和规律。其次，通过 HAZOP-LOPA 集成风险分析法与蝴蝶结模型对风险进行重点和全面相结合的分析。通过研究发现风险的阶段性很强，重点风险集中于运营前的决策阶段，并且阶段间的风险容易组成风险链条使风险放大。本章只是对回收外包风险进行了分析，但针对其他回收方式风险，还要根据实际情况进行探讨。

第7章 电子废弃物回收模式选择和治理

为了帮助电子产品生产商选择适合自己的电子废弃物回收模式,并且弥补在选择过程中只考虑单因素的不足,本章以网络层次分析法为基础,首先对电子废弃物回收过程中的影响因素进行划分,建立网络图。然后以某电子生产商的实际情况为例,通过软件对案例进行仿真分析,找出适合该企业的回收外包模式,验证网络图的有效性。为了解决各个利益团体在政府政策补贴的以旧换新下合谋骗补问题,本章以社会网络分析理论为基础,收集典型合谋案例,利用软件进行合谋行为分析。最后通过整体网络、中心性和凝聚子群这三个测度指标来透视合谋网络特点,并对比分析合谋前网络特点。

7.1 电子废弃物回收模式选择

7.1.1 引言

近年来,随着信息技术和电子制造技术的飞速发展,电视机、计算机和手机等电子产品不断地更新换代,淘汰周期越来越短,导致大量电子废弃物产生。这些废弃物具有明显的双重性,即潜在的环境危害性和资源再生性。并且在政府环保政策的督促和生产者责任延伸制度的影响下,越来越多的企业将焦点聚集在产品的回收模式上,选择合适的回收模式成为企业面临的难题之一。

目前,常见的回收模式有三种:自营回收、联合回收和第三方外包回收。影响企业物流模式决策的因素有很多,不同的模式有不同的适用情况。国内外很多学者都对模式的选择进行了研究:秦小辉(2008)针对电子废弃物回收现状,对自营、联合、外包三种回收模式各自的状况进行定性的研究,从而实现三种回收网络的优化设计。Li 和 Tee(2012)提出了一种将企业或政府参与的正式的逆向物流回收方式与个体参与的非正式回收方式相结合的逆向物流模式,并定性地给出了整合二者的条件和方法。任鸣鸣和全好林(2009)运用模糊综合评价方法建立数学模型,选择出企业在生产者责任延伸制度下的逆向物流模式。Kannan等(2009)运用解释结构模型法(ISM)和逼近理想解排序法对选择外包模式时涉及的因素进行了分析,并认为科技创新和工程技术能力是企业拟进行外包模式时所需要考虑的首要因素。周永圣和汪寿阳(2010)在回收体系中,对政府监控进行了定量化描述,建立了只有一个回收者的单周期模型进行逆向物流模式选择。Stefan 和 Gudrun(2012)则在生产商联合经营模式的基础上，设计了一个动态产品在闭环供应链中的需求-获取模型。Ravi 等(2008)认为计算机生产商在选择回收模式的时候，应该采取经验丰富的专家或者企业物流经理的意见，但他们的策略可能只在一个方面起到作用,运用网络层次分析法和 0-1 目标规划法进行了多个元素的仿真分析。由此可见：①将整个物流过程的各类影响要素均纳入模型中进行定量分析的研究较少。②企业对物流模式的选择是一项复杂的综合性战略决策，需要考虑到可能影响其发展的各类因素。本章立足于整个回收外包过程，将影响因素分为成本、风险、组织和处理能力这四大类，运用网络层次分析法定量分析自营、联合和外包这三种物流模式的优劣性，并结合我国实际比较三种模式的适用性，对其进行评价和选择，通过调查法得出结论，希望能为企业在实际选择中提供借鉴作用。

7.1.2　电子废弃物回收模式

1. 自营回收模式

自营回收模式(图 7-1)指生产企业建立独立的物流体系,自己管理废旧物品的回收处理业务。在该模式下，企业逆向物流网络可以和正向物流网络相结合，达到物流网络设施的高利用率。

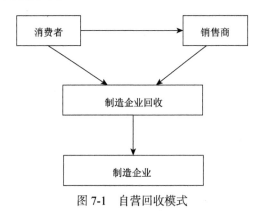

图 7-1　自营回收模式

2. 联合回收模式

联合回收模式(图 7-2)指由多家生产相同产品或者相似产品的同行业企业进行合作，以合资等形式建立共同的物流系统(包括回收网络和处理企业)，为各合作企业甚至包括非合作企业提供物流服务。

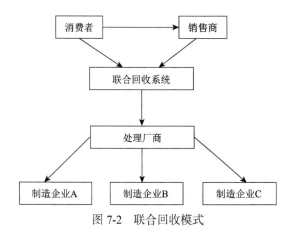

图 7-2　联合回收模式

其流程为：销售企业向顾客回收电子废弃物，然后将回收的废弃物运送到联合回收网络中的各个回收节点，再由回收网络节点统一运送到联合处理点，废弃物在联合处理点经拆解处理后，其中的有用部分分别运送到各个生产企业，由生产企业重新投入生产。

3. 第三方外包回收模式

第三方外包回收模式(图 7-3)是指生产企业通过协议形式将其回流产品的回收处理中的部分或者全部业务，以支付费用等方式，雇佣专门从事物流服务的企业来负责产品回收处理，负责生产企业产品回收的企业称为第三方回收商。

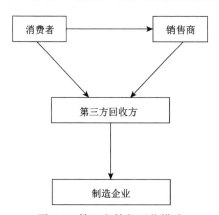

图 7-3　第三方外包回收模式

其流程为：顾客或销售企业将废弃物运送到由第三方物流公司建立的回收节点，第三方物流公司将回收到的多种废弃物分类、拆解、处理后，将可利用部分交给生产企业，不可利用部分进行销毁处理。

7.1.3　电子废弃物回收模式选择因素和方法

1. 电子废弃物模式选择因素

1)物流成本分析

企业的最终目的是使物流系统总成本最低,如果第三方外包和企业自营都可以完成物流运作,那么成本的考虑就是决策的关键。不论是自营、外包、联合,电子废弃物都需要通过各种手段被收集起来,然后进行集中处理。这个过程中所产生的收集、运输、处理等费用归入交易成本之中。企业对废弃物进行处理和工艺改进,设备购买时发生的处置成本则为运营成本。企业进行外包和联合的过程中需要与其他企业进行交流协调,在交易达成之后,企业需要成立监督机构,并进行信息集成操作。这些行为所产生的费用属于转换成本。第三方外包回收所需要的服务费用也应该被考虑在内。如果在服务价格的比较中,第三方外包回收拥有优势,选择第三方外包回收就是正确的选择,反之,可能还是选择自营回收或联合回收。

2)物流处理能力分析

过程处置能力重点考虑企业在实施物流活动时对拟进行外包或自营决策的环节,如信息采集、分拣、运输、装卸等过程的处置能力;信息流是物流的导向,物流的信息技术包括运输管理系统、仓储管理系统、缺陷分析系统、质量追溯系统及顾客管理系统等,其完善程度是物流决策的重要依据;物流过程往往具有突发性,引发物流活动的诱因对企业来说有时是陌生的,如召回活动,因此,企业在回收决策时必须考虑外包或自营时对突发事件的应急能力。

3)物流风险分析

由于物流具有的供给的不确定性、运作的复杂性、实施的困难性等特点并伴随着高昂的成本和较慢的回流商品速度,在物流模式的选择中,物流风险必须作为一个重要因素。财务风险是企业在寻找合适的第三方物流服务商或与其他企业建立联合关系的过程中所产生的大量的隐含成本。这些隐含的协商成本、交易成本和利率汇率的浮动,使企业面临着财务风险。在物流外包和联合的过程中,外包双方或者联合的企业之间可能由于文化差异、利益目标和管理权限的问题产生冲突,这种冲突有可能直接影响企业的既定目标。所以管理风险也是重要的风险之一。合作风险包括信用风险和信息传递风险,在物流外包的过程中,企业与第三方物流企业的关系实际上是一系列委托与被委托、代理与被代理的关系,是完全以信用体系为基础的,存在着服务商的稳定性和质量下降或不履行先前承诺等风险。信用道德风险问题必然存在。信息失真、沟通不畅而使物流合作中信息不对称或者信息泄露等情况发生的可能性属于信息传递风险。终端风险则包括市场风险和服务风险。企业由于无法直接接触到终端市场而失去市场变化反应能力即市场风险。同样，由于无法直接了解终端客户而不能准确及时地了解客户需求引起的风险即服务风险。

4）物流组织分析

物流业务之间的协调需要建立一个高效而权威的组织系统，它能够控制物流实施的运作情况，并能及时有效地处理衔接中出现的各种疑难问题和突发事件。这个组织系统中应当包括：人员管理机制、信息管理机制、利益分配机制、预案机制。

基于上述分析，电子废弃物回收模式影响因素如图 7-4 所示。

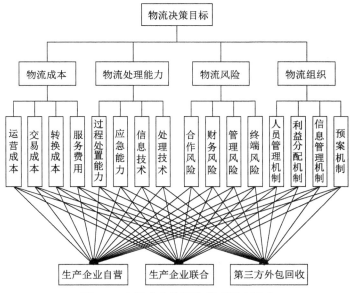

图 7-4　电子废弃物回收模式影响因素

2. 模式选择方法分析

网络层次分析法是层次分析法（analytic hierarchy process，AHP）的扩展，弥补了层次分析法的缺陷，这一种新的决策方法提出后受到国内外诸多学者的青睐。它以一种扁平、网络化的方式表示元素之间的相互关系，允许元素之间存在相互依赖关系和反馈关系（图 7-5），因而与现实决策问题更为接近，可以较为全面地分析有关社会、政府、企业的决策问题。由于电子产品物流的过程涉及多方利益相关者，并且电子产品本身具有数量多、分布散、潜在价值高及处理困难等特点，而回收是一个网络体系，电子废弃物回收过程会受众多因素影响。网络层次分析法则是将这些因素放置在一个模型中分析的最好方法。

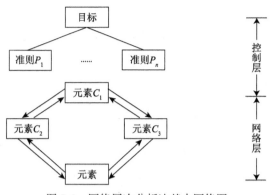

图 7-5 网络层次分析法基本网络图

7.1.4 实例分析

1. 某电子制造商回收模式选择

A 企业是一个国际化跨国企业，其生产的产品范围较广，有节能环保、日常的普通家电产品、住宅设施、工业自动化设备，也涵盖了移动通信设备等领域。由于企业的战略实施得当，近年来得到较快发展。其致力于发展循环经济、绿色经济、可再生资源回收，变废为宝，所以决定开展电子废弃物物流回收业务，其最为关键的问题是选择一种合适的物流回收模式。

通过对公司管理人员和业界专家分别进行问卷调查，在综合多方意见的基础上为各元素设立权重，通过元素间的两两比较、归一化处理获得的各判断矩阵，最终得出极限矩阵，这使计算得出的结果更具参考价值。

表 7-1 给出各元素的权重。

表 7-1 各元素的权重

元素		权重
物流成本	交易成本	0.129 481
	服务费用	0.063 265
	转换成本	0.056 049
	运营成本	0.225 325
物流处理能力	信息技术	0.016 866
	处理技术	0.043 978
	应急能力	0.010 038
	过程处置能力	0.067 268

续表

元素		权重
物流风险	合作风险	0.060 039
	管理风险	0.042 498
	终端风险	0.020 443
	财务风险	0.209 24
物流组织	人员管理机制	0.016 242
	信息管理机制	0.010 266
	利益分配机制	0.023 064
	预案机制	0.005 938

2. 仿真分析

在建立的网络分析图中,将存在反馈关系的元素进行比较,并借助 Rozann W. Satty 和 William Adams 博士开发出来的 SD(Super Decisions)软件进行定量分析。将各元素之间的关系矩阵输入软件,并将其归一化,再与无权重判断矩阵相乘得到权重判断矩阵,由 SD 软件调整数值,使之符合一致性检验,并对结果进行稳定处理,得到极限矩阵(表 7-2)。

表 7-2　极限矩阵

项目	目标	物流成本	物流处理能力	物流风险	物流组织
目标	0	0	0	0	0
物流成本	0.474 12	0.474 12	0.474 12	0.474 12	0.474 12
物流处理能力	0.138 15	0.138 15	0.138 15	0.138 15	0.138 15
物流风险	0.332 22	0.332 22	0.332 22	0.332 22	0.332 22
物流组织	0.055 51	0.055 51	0.055 51	0.055 51	0.055 51

在清楚了各个影响因素的权重之后便可以依据权重指标进行评分,从而进行物流模式选择的决策。从图 7-6 中可以得出结论:外包回收(0.355 302)≻联合回收(0.331 110)≻自营回收(0.313 587)。

Name	Graphic	Ideals	Normals	Raw
外包		1.000 000	0.355 302	0.177 651
联合		0.931 912	0.331 110	0.165 555
自营		0.882 593	0.313 587	0.156 794

图 7-6　三种回收模式优势度图

3. 灵敏度分析

根据仿真分析的特点，上文得出极限矩阵和优势度后，对 A 企业的决策使用灵敏度分析。将回收模式的其中一个成本元素作为实验对象，当这个元素变化时，观察决策产生的变化，进而分析物流回收模式的影响因素。

选择运营成本作为实验变量，纵轴表示优势度，横轴表示实验的步长，图 7-7(a)中，当步长由 0 变成 0.26 时，我们观察得知，当运营成本发生变化时，三条优势度曲线都有变化：联合和自营曲线交叉于一点时，第三方外包优势度曲线位于它们的上方，A 企业选择第三方外包回收决策优于其他两种模式。图 7-7(b)中，当步长变成 0.66 时，第三方外包优势度曲线明显高于联合、自营优势度曲线。这说明 A 企业选择第三方外包回收模式在成本控制方面相比其他物流回收模式具有更大的优势。

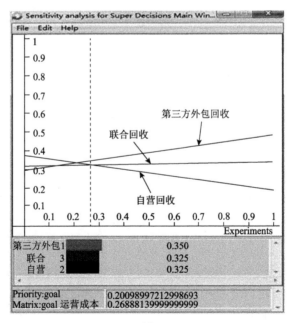

(a)

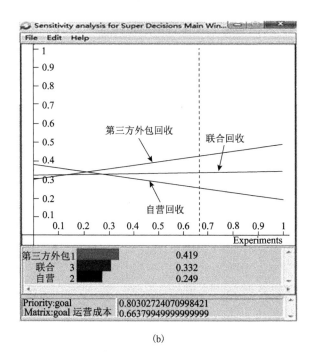

(b)

图 7-7　以运营成本作为独立实验变量的灵敏度示意图

4. 结果讨论

1) 自营回收模式

在自营回收模式下，A 企业不但重视产品的生产销售和售后服务，还重视产品在消费之后的废旧物品及包装材料的回收和处理，使其遇到突发事件的应急能力强，增加了顾客忠诚度。自营回收模式的服务费用最低，但是，其能够处理的产品种类和数量相对有限，需要自己雇用人员和配备设施设备，无疑会增加 A 企业的运营成本和交易成本，增大了设备闲置的管理风险，也增大了 A 企业的财务风险。特别是对生产和销售规模较小的企业来说，这种模式很难实施。

2) 联合回收模式

对 A 企业来说，一方面，联合回收模式的物流专业化程度和效率相比于企业自营回收模式较高，联合经营模式下多个合作生产企业在产品种类和数量上比自营回收模式的单个企业生产的产品数量要多，信息技术和处理技术较高，各个企业可以技术共享，形成联营组织的规模经济优势，减少交易成本。另一方面，由于逆向物流网络节点、车辆、人员等基本设施由组织成员共同出资组建，可以有效降低 A 企业的财务风险，联合回收模式下只需要统一的物流信息系统，在节约信息系统建设方面的费用的同时，降低单个企业的终端风险。可这种模式下人员管理机制和利益分配机制不够完善，也不能及时准确地反映电子废弃物物流对产品的信息，影响信息管理机制的同时，也会造成废弃物回收利用的效率降低。

3) 第三方外包回收模式

若 A 企业借助拥有成熟技术的第三方，可减少自身投资建设物流体系的管理风险，提高废弃物的回收效率，也可极大地减少物流活动转换成本和运营成本。第三方物流商能积极整合各个企业的废弃物，实现管理和运作的规模效益，从而克服自营模式下设施设备利用率低下的缺点。废弃物的拆解与处理需要生产企业向第三方物流商提供产品的材料构成和机构设计图等信息，管理不善易造成生产企业的机密外泄，使合作风险增加。如果 A 企业不负责废弃物的回收，就不能对废弃物在回收前的净价值进行判断，为其对回收产品的成本估算带来很大的不确定性，而造成财务风险。此外，由于当前物流外包对第三方物流商的选择尚没有一定的标准和参考，这也为生产企业的决策造成了一定的困难。

7.2　电子废弃物回收合谋防范

7.2.1　引言

美国、日本等发达国家，消费者支付部分费用的电子废弃物回收体系已比较完善；而中国电子废弃物回收体系构建起步晚且发展缓慢，环保观念与环保行为脱节无法督促消费者自费处理电子废弃物，至今未建成行之有效的回收体系。由于地区经济发展不平衡和电子废弃物存在较高的再利用价值，电子废弃物地下产业链异常火爆。危害与价值并存的电子废弃物数量激增，为防止资源浪费和二次污染，在扩大内需和发展循环经济的政策指导下，中国政府推行了"以旧换新"项目，消费者在购买新家电时，可通过回收自己的旧家电来抵消部分产品价格，优惠金额来自国家财政补贴。不仅让利于消费者，提高其回收意愿，还使更多电子废弃物流入正规回收处理企业，提高电子废弃物资源化循环再生率和降低环境污染程度。

"以旧换新"作为一项政府社会工程项目，众多参与者利益交织，形成利益关联的社会网络。在政府层面涉及投资主管部门(发展和改革委员会)、财政主管部门(财政部门)、贸易主管部门(商务部门)、环境主管部门(环保部门)等；在组织层面有电器生产商、电器销售商、电器回收商、电器拆解处理商等参与其中；在社会层面有消费者、零散回收户及新闻媒体等置身其中。虽然利益相关者在项目网络中扮演的角色不同，但为了获取一定的利益，彼此交换信息，共同合作，形成了一个个由利益关系结合而成的网络。各参与方为实现自身利益最大化进行"寻租"活动，一个重要表现就是合谋；合谋收益大且惩罚力度不足，导致"以旧换新"工程项目中合谋骗补活动屡禁不止。因此，财政部和商务部专门联合下发了《关于加强家电下乡、家电以旧换新监管防止骗补等有关问题的通知》，通知中强调要对各辖区的各个销售网点加强监管，同时对骗补企业加大惩处力度。这里旨在利用社会网络分析法，通过典型案例分析，厘清"以旧换新"的工程项目中存在的合谋关系及合谋网络中的关键节点，以期为政府财政补贴下的电子废弃物回收体系构建提供帮助。

7.2.2　"以旧换新"介绍

"以旧换新"是政府推出的一项惠民工程，它是指消费者在购买新商品时，如果能把同类旧商品交给商店，就能抵扣一定价款，旧商品起着折扣券的作用，如若不能提交旧商品，消费者就只能以原价购买。我国自 2009 年 6 月 1 日起开始在北京、天津、上海等 9 个省份开展以旧换新试点工作，2010 年又增至 19 个省份，于 2011 年 12 月 31 日结束这项政策。商务部数据显示，以旧换新工程实行两年多来共销售五大类新家电 9248 万台、拉动直接消费 3420 多亿元。以旧换新工程直接推动我国电子废弃物回收体系的健全发展，在一定程度上改善了我国废旧电子产品回收无序的状况，也使一批资质高、技术工艺先进的废旧电器、电子产品回收项目得到扶持(刘慧慧等，2012)。但作为一项巨大的惠民工程，参与者众多，且首次实施，不管是实施办法还是监督机制都存在众多漏洞。以浙江为例，浙江被称为以旧换新合谋骗补的重灾区，根据该省于 2010年 7 月 26 日～8 月 10 日完成的第一批大宗用户专项调查结果，已核查到的 76146 台中，"确认购买"的是 14 335 台，"确认未购买"的多达 61 811 台。尚有 73 855 台由于"不配合""拒绝调查""联系方式为经销商"等原因未能核实(曲灵均，2015)。

"以旧换新"的操作流程如下。

(1)企业选择：家电销售企业和家电回收企业由各试点省份商务主管部门会同财政部门以招标方式确定，招标结果报商务部、财政部备案，并向社会公布中标家电销售、回收企业的名单和联系方式。拆解处理企业由各试点省份废旧家电拆解处理主管部门从现有拆解处理企业中筛选，报各省份政府相关部分确定，确定结果报环保部、财政部备案。具体操作办法由商务部、环保部分别制定。

(2)销售环节：购买人通过网络、电话及其他方式向中标回收企业提交旧家电回收补贴申请；回收企业及时上门收购旧家电，并向购买人开具国家统一印制的家电以旧换新凭证。购买人持所得凭证和身份证选择到中标的家电销售企业购买新家电，对符合条件的购买人，家电销售企业在销售新家电时直接向购买人垫付补贴资金，并将相关信息录入家电以旧换新管理信息系统。

（3）回收环节：回收企业将之前所开的回收凭证信息录入以旧换新管理信息系统之后，将所收购的旧家电交给指定拆解处理企业进行拆解处理。对符合条件的旧家电，拆解处理企业向回收企业垫付运输费用补贴，并将相关信息录入家电以旧换新管理信息系统。

（4）审核环节：家电销售企业凭新家电销售发票、以旧换新凭证和《家电以旧换新（家电）补贴资金申报表》等材料，经当地商务部门或地方政府确定的相关业务主管部门审核之后，到同级财政部门申领补贴资金。拆解处理企业凭以旧换新凭证和《家电以旧换新（运费）补贴资金申报表》等材料，经当地政府确定的相关业务主管部门审核后，到同级财政部门申领已垫付的运费补贴。

在这个回收流程（图 7-8）中，销售企业、回收企业和处理企业都要将信息输入管理信息系统以便进行监督。但是如果处于上游的销售企业和回收企业达成合谋将废弃物“内部消化”，那么下游的处理企业是无法获知的，网络中的其他成员也无从获知。现实中的“黄牛”也正是促使两者合谋的“润滑剂”。同时，不是每个消费者都有旧电器，所以可能存在消费者购买二手家电来充当新电器的可能性。

虽然各省份都对以旧换新出台了相应的处理办法，但整体的操作流程基本上与图 7-8 所描述的商务部、财政部等七个部门联合印发的通知相一致。在下文中所出现的案例虽然来自不同省份，但是都可以按照图 7-8 建立合谋前的网络图，并以此对比合谋后网络图的变化。

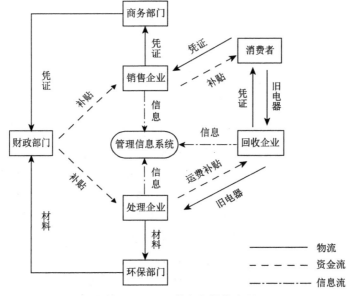

图 7-8　“以旧换新”操作流程

7.2.3　社会网络分析法及其测度

1. 整体网络分析

整体网络研究的是网络中所有行动者的整体结构。本章研究的是以旧换新过程中利益相关者的网络结构；首先确定整体网络中合谋人个数，即网络规模；然后用网络整体密度来衡量利益相关者之间的紧密程度，在合谋关系网中，网络整体密度越大，各行为人之间的关系越紧密；最后测量出网络成员之间的平均距离，以此来衡量成员间的凝聚力。建立在"距离"基础上的凝聚力指数越大，表明该整体网络越具有凝聚力，也可以认为网络成员间的关系更密切，凝聚力强。

2. 中心性分析

中心性是社会网络分析中最主要的一种分析工具，被作为测量声望和权力的指针。在合谋网络图中，中心性可以用点度中心度、中间中心度和接近中心度来测定。点度中心度是衡量一个点与其他点关系的能力，指该点拥有的直接联系数量；在合谋网络图中，如果一个节点与网络中的其他节点有较多的联系，则证明这个节点的交互能力强，可能处于网络中心地位，拥有较高的权利。点度中心度标准化公式如下：

$$C_D' = \frac{C_D(n_i)}{g-1} \tag{7-1}$$

其中，$C_D(n_i) = \sum_{j=1}^{g} x_{ij} (i \neq j)$ 为节点 i 与其他 $g-1$ 个节点的直接联系总数；C_D' 为标准化点度中心度；g 为网络规模。

中间中心度测量的是一个节点在整个网络中对状态改变和信息传播作用的大小；中间中心度越高，也就代表越多的点需要通过它才能跟其他的点发生关系；中间中心度表示的是一个点对资源的控制程度，测量该点在多大程度上控制他人之间的交往；在合谋关系网中，行为人可以通过这种控制权来谋取利益。中间中心度标准化公式如下所示：

$$C_B' = \frac{2C_B(n_i)}{(g-1)(g-2)} \tag{7-2}$$

其中，$C_B(n_i) = \sum_{j<k} g_{jk}(n_i) / g_{jk}$ 为绝对中间中心度，其最大值为 $(g-1)(g-2)/2$。

接近中心度衡量某点对于信息传递的独立性或有效性；接近中心性反映网络

中的点不受其他点控制的程度，要想不被其他点控制，则要使自己与每个点的直线距离都比较"近"；所以这个点到其他点之间的直线距离之和越"短"，则接近中心度就越大。接近中心度标准化公式如下所示：

$$C_C' = \frac{g-1}{\sum_{j=1}^{g} d(n_i,n_j)} = (g-1)C_C(n_i) \tag{7-3}$$

其中，$d(n_i,n_j)$ 为连接行动者 i 和 j 的最短路径的条数；行动者 i 与其他所有行动者之间的总距离是 $\sum_{j=1}^{g} d(n_i,n_j)$，在这里总和包括所有的 $j \neq i$，$C_C(n_i) = \left[\sum_{j=1}^{g} d(n_i,n_j)\right]^{-1}$。

3. 凝聚子群分析

凝聚子群是某些行动者的集合，在这个集合中各行动者之间具有完全交互的紧密联系。对凝聚子群有一系列算法，如 *n*-派系、*n*-宗派、*k*-丛。本章以旧换新工程下的合谋参与者们都是因利益而联结在一起，从一定程度上来说就是在互惠基础上的协作，而建立在互惠基础上的凝聚子群主要是派系。在无向关系网络图中的派系主要有以下三个限定：首先，派系中至少包含三个及以上的节点；其次，派系是完备的，即其中任何两点都直接相关；最后，派系是饱和的，不能向凝聚子群中添入或减少其他任何一个点，否则会改变其"完备"的限定。

7.2.4 以旧换新合谋典型案例分析

通过对现实情境中的案例分析总结，依据政府部门参与与否，可以把我国旧家电以旧换新工程中的合谋大致分为政府部门参与的合谋和无政府部门参与的合谋；无政府部门参与的合谋中，销售商和回收商处于资源信息控制地位，所以依据销售商和回收商的分离与否，又把无政府部门参与的合谋细分为销售商、回收商分离情况下的合谋和销售商、回收商双中标企业的合谋（销售和回收业务由同一家企业负责）。因此，依据上述三种合谋类型，选择与之对应的三个典型事件进行社会网络分析，以此为我国电子废弃物回收合谋治理机制提供帮助。

1. 销售商、回收商分离情况下的合谋

1) 案例描述

新华网《瞭望东方》周刊的记者实地调查发现：在顾客购买新家电不能提供旧家电的情况下，销售企业会自我组织旧家电来进行骗补，这时销售商和回收商的合谋就产生了。2010年颁布的《家电以旧换新实施办法》规定，顾客通

过以旧换新上限补贴为：电视机 400 元/台，冰箱(含冰柜)300 元/台，洗衣机 250 元/台，空调 350 元/台，计算机 400 元/台。在顾客没有旧家电时，销售人员在收取 100 元左右的费用后，可以帮助顾客"代购"旧家电，销售人员会从"中间人"手中购买以旧换新的凭证；合谋前顾客有旧家电，因此不存在"中间人"维系销售商和回收的合作；顾客无旧家电并想享受补贴导致了销售商和回收商的合谋产生，销售商和回收商之间的纽带"中间人"也随之出现。合谋后销售人员获取的利益远比合谋前高，在这种情况中销售企业的管理人员肯定是知情的。依据现实案例初步模拟相应的网络结构，然后对人物进行标号处理：A_1 顾客、B_1 销售人员、B_2 销售企业管理人员、C_1 中间人(连接销售企业和回收企业)、D_1 回收企业操作人员、D_2 回收企业管理人员；最后依据合谋前后的人物关系绘制相应的网络图，如图 7-9 和图 7-10 所示。

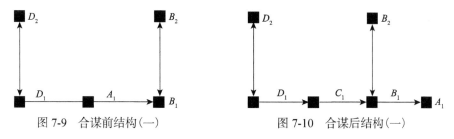

图 7-9　合谋前结构(一)　　　　　　图 7-10　合谋后结构(一)

2)结果分析

A. 整体网情况

从构造上看，合谋后比合谋前多了一个中间人，但两个网络都可以看成由金字塔式的网络和平行链式网络结合而成。从整体网数据来看，合谋后的网络密度(0.3333)要比合谋前(0.3500)小，说明合谋前的网络关系要比合谋后的网络关系更加稳定。并且合谋前网络中成员之间的平均距离(1.786)要比合谋之后的平均距离(2.133)短，这也同样说明合谋前的网络比合谋后的网络联系更加紧密。但是从凝聚力指数来看，合谋后的凝聚指数(0.600)明显高于合谋前(0.496)，表明合谋后的网络比合谋前更有凝聚力。具体如表 7-3 所示。

表 7-3　整体网概况表（一）

状态	网络规模	整体密度	标准差	平均距离	凝聚力指数
合谋前	5	0.3500	0.4770	1.786	0.496
合谋后	6	0.3333	0.4714	2.133	0.600

B. 中心性

从点度中心度来看，合谋前的网络中 A_1、B_1、D_1 的点度中心性都是最高

的 (50.000)，可见在合谋前，消费者与销售企业和回收企业的操作人员之间的关系是平等的，也就是说，他们交流的信息是相互对称的；但在合谋后，消费者的地位 (20.000) 迅速下滑到最低，而销售企业操作人员 (60.000) 地位上升到最高，在网络中处于中心地位，拥有较高的权利，回收企业操作人员 (40.000) 稍有下降，但是变化不大；反观合谋后出现的中间人 C_1，点度中心度的衡量指标 (60.000) 也是最高的，说明这个隐蔽的中间人对于合谋网络的连接作用也很大。从中间中心度合谋前后对比来看，A_1 由最高 (33.333) 下降至最低 (0.000)，反映出顾客在合谋之后与其他参与者发生的联系减少；而 B_1 由合谋前的最高 (33.333) 继续升至合谋后的最高 (70.000)，表明参与者需要通过销售企业操作人员才能跟其他的参与者发生关系，销售企业操作人员对资源的控制程度最高，因此，销售企业操作人员开始利用这种控制权来谋取利益；而中间人的中间中心度也比较高 (60.000)，也有可能控制其他参与者；D_1 的中间中心度 (25.000) 有所上升 (40.000)，表明其对资源的控制程度增强。从接近中心度合谋前后对比来看，合谋之后 B_1 (62.500) 和 C_1 (62.500) 的指标最高，表明销售企业操作人员和中间人具有最大的接近中心度，不易受其他参与者的控制；顾客接近中心度有所上升，但变化不大，依然受其他参与者的控制。具体如表 7-4 和表 7-5 所示。

表 7-4　合谋前中心度计算值（一）

指标	A_1	B_1	B_2	D_1	D_2
点度中心度	50.000	50.000	25.000	50.000	25.000
中间中心度	33.333	33.333	0.000	25.000	0.000
接近中心度	30.769	33.333	30.769	57.143	40.000

表 7-5　合谋后中心度计算值（一）

指标	A_1	B_1	B_2	C_1	D_1	D_2
点度中心度	20.000	60.000	20.000	60.000	40.000	20.000
中间中心度	0.000	70.000	0.000	60.000	40.000	0.000
接近中心度	41.667	62.500	41.667	62.500	50.000	35.714

C. 凝聚子群

计算显示结果为：0 cliques found，说明此网络中不存在任何派系。

3）主要结论

合谋前，消费者和销售企业与回收企业操作人员的地位是平等的；合谋后，消费者只跟销售企业操作人员接洽，所以消费者的地位明显降低。同时，中间人则取代了消费者以前在网络中的地位，为销售商和回收商搭桥，使两者能够交换信息。销售企业将消费者该有的一部分利益（补贴费用）分给了网络中的其他成员，通过利益交织，使整个网络成员之间的联系更加紧密，凝聚力增强。在这个网络中，销售企业操作人员一直都处于网络核心位置，因为他既单方面掌控着信息资源，同时又充当结构洞的角色，为客户和回收商之间搭桥，没有销售人员，整个合谋网络便会解散；但销售企业的管理人员对销售人员有着直接的控制或领导权力，销售人员能够在这个网络中占据核心位置说明管理人员对其监管不严，或者直接领导其合谋。

结论 7-1　在销售商和回收商分离的网络中，销售企业操作人员易于居于合谋网络的核心位置，并通过中间人控制整个网络。

2. 双中标企业的合谋

1）案例描述

有记者实地调查还发现存在双中标企业（销售和回收业务由同一家企业负责），回收过程中其操作空间更大，以企业的名义来操纵以旧换新，向顾客收取的购旧机款成为企业的直接收入。合谋前，双中标企业从顾客手里回收旧家电，开具以旧换新凭证，然后顾客拿凭证抵折扣购买商品，旧家电交给拆解企业处理。合谋后，双中标企业花 50 元从二手市场购买旧机交给拆解企业，走一个正常的流程；或不采购旧机，与拆解企业合作，转让部分利益给中介人，完成拆解和实物的交接流程；这样完成后，企业依然可赚取 50 元差价。依据现实案例初步模拟相应的网络结构，然后对人物进行标号处理：A_1 顾客、B_1 销售人员、B_2 销售企业管理人员、C_2 中间人（连接双中标企业和拆解企业）、D_1 回收企业操作人员、D_2 回收企业管理人员、E_1 二手家电市场、F_1 拆解企业。最后依据合谋前后的人物关系绘制相应的网络图，如图 7-11 和图 7-12 所示。

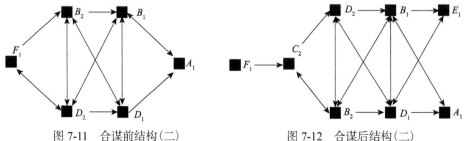

图 7-11　合谋前结构（二）　　　　　　图 7-12　合谋后结构（二）

2）结果分析

A. 整体网情况

这是双中标企业的合谋关系网络，可以假设销售商的销售人员、领导人员和回收商的销售人员和领导人员是一致的，所以 B_1、B_2、D_1、D_2 之间是互相联结在一起的，图中也显示出四者之间是一个交叉网络结构。从构造上看，合谋前没有中间人 C_2 和二手家电市场 E_1 的参与，所以合谋前的网络规模要比合谋后小。从整体网数据来看，合谋后的网络密度（0.4286）要比合谋前（0.6667）小，说明合谋前的网络关系要比合谋后更加稳定。并且合谋前网络中成员之间的平均距离（1.400）要比合谋后的平均距离（1.857）短，这也同样说明合谋前的网络比合谋后的网络联系更加紧密。从凝聚力指数来看，合谋后的凝聚指数（0.673）明显小于合谋前（0.822），表明合谋前的网络比合谋后更有凝聚力。从稳定性、平均距离和凝聚力来看，合谋前都比合谋后要好；合谋后尽管有利益传输，但其结构也很脆弱，很容易被瓦解。具体如表 7-6 所示。

表 7-6　整体网概况表（二）

状态	网络规模	整体密度	标准差	平均距离	凝聚力指数
合谋前	6	0.6667	0.4714	1.400	0.822
合谋后	8	0.4286	0.4949	1.857	0.673

B. 中心性

从点度中心度来看，B_1、D_1 无论是在合谋前还是合谋后的指数都是最高的，分别是 80.000 和 71.429；而 B_1、D_1 可以看作双中标企业的基层操作人员，说明这个网络中同样是基层操作人员占据着较为核心的位置，但不同的是管理人员在网络中的重要性在上升，B_2 和 D_2 在合谋前的点度中心度为 80.000，在合谋后也达到了 57.143，仅次于 B_1 和 D_1 的水平；合谋后，消费者的地位（28.571）有所下滑。但是从对资源的掌控情况来看，还是 B_1 掌控的资源（34.921）最多；中间人在这个网络中的地位没有超过管理人员，但也比较重要。消费者和拆解企业的地位从合谋前到合谋后都有所下滑，两者从 40.000 分别下降到了 28.571 和 14.286。从中间中心度合谋前后对比来看，B_1 由合谋前最高（15.000）上升至合谋后最高（34.921），表明参与者需要通过销售企业操作人员才能跟其他的参与者发生关系，销售企业操作人员对资源的控制程度最高，因此，销售企业操作人员利用这种控制权来谋取利益；顾客和拆解企业对资源的掌控依然最低；而中间人的中间中心度也比较高（28.571），也有可能控制其他参与者；B_2 的中间中心度（15.000）有所上升（24.206），表明销售企业管理人员对资源的控制程度增强。从接近中心度合谋前后对比来看，合谋之后 B_1（70.000）、B_2（70.000）和 D_1（70.000）的指标最高，表明销售企业操作人员和管理人员及回收企业管理人员具有最大的接近中心度，不易受其他参与者的控制；顾客和拆解企业接近中心度下降，受其他参与者的控制程度加强。具体如表 7-7 和表 7-8 所示。

表 7-7　合谋前中心度计算值（二）

指标	A_1	B_1	B_2	D_1	D_2	F_1
点度中心度	40.000	80.000	80.000	80.000	80.000	40.000
中间中心度	0.000	15.000	15.000	15.000	15.000	0.000
接近中心度	55.556	83.333	83.333	83.333	83.333	55.556

表 7-8　合谋后中心度计算值（二）

指标	A_1	B_1	B_2	C_2	D_1	D_2	E_1	F_1
点度中心度	28.571	71.429	57.143	42.857	71.429	57.143	28.571	14.286
中间中心度	0.000	34.921	24.206	28.571	11.508	15.079	0.000	0.000
接近中心度	43.750	70.000	70.000	53.846	70.000	63.636	46.667	36.842

C. 凝聚子群

合谋前计算出共有 3 个派系，分别为：B_1 B_2 D_1 D_2、A_1 B_1 D_1、B_2 D_2 F_1。这几个派系其实就是双中标企业的内部人员。

合谋后计算出共有 4 个派系，分别为 B_1 B_2 D_1 D_2、A_1 B_1 D_1、B_1 D_1 E_1、B_2 C_2 D_2。这些派系里面每个都包含有双中标企业的操作人员和管理人员，证明双中标企业的人员是促成合谋"小团体"的主要力量，与上面中心性分析的结论相吻合。

3）主要结论

与第一种网络分析结果相同的是：从合谋前到合谋后，消费者的地位均有所下降，合谋明显使消费者理应享有的权益受到影响；网络中双中标企业的基层操作人员仍然占据重要的位置。与第一种分析结果不同的是：双中标企业的管理人员在网络中的地位上升，并超过中间人的重要性，稳居第二。在实际以旧换新过程中，与顾客和中间人接触最多的是基层的操作人员，所以基层人员理所当然占据着重要的位置；这个网络涉及了拆解企业，而与拆卸企业接洽，需要管理人员通过中间人才能促成合谋，所以网络中双中标企业的管理人员地位有所上升。因此，当双中标企业参与合谋时，应严防双中标企业的管理人员和操作人员联合骗补。

结论 7-2　当集销售和回收于一身的双中标企业参与合谋网络时,双中标企业中的基层操作人员仍占据主要位置，但管理人员在这种网络中的地位上升；二者依然通过中间人控制整个网络。

3. 政府部门参与的合谋

1) 案例描述

以下是《检察日报》报道的一起案件：江西省新余市一家双中标企业在以旧换新的招投标时，其董事长游某联系且贿赂了商务局商贸发展科的简某，想让简某帮助其公司中标。由于招标事项是由商贸局和财政局一起协同进行，简某便通过关系找到了财政局负责招标的万某，两人拿取了游某的贿金，在招标时帮助游某公司获得了销售和回收资格。取得销售和回收双重资格后，公司开始进行虚假销售，执行董事罗某通过销售人员宋某联系上一家二手市场的老板杨某，并大批量从杨某手中购买二手家电，最后又从网上大量购买消费者信息，进行虚假销售，虚开发票。同时游某也贿赂了工商局行政窗口的审核人员张某，使公司虚开发票的事情得以隐瞒。按照规定，销售企业的家电材料应在工业和信息化委员会（以下简称工信委）备案并审核通过之后才能在财政局报销补贴费用；而简某通过关系联系了节能与资源综合利用科科长龚某、党委副书记杨某，不仅骗过了审核，还将虚假的家电材料进行销毁，让相关部门无证可查。最后顺利从财政局取得了补贴。按照规定，最后一个环节是商务局的监督，要求商务局相关人员进行电话回访，对回访发现造假的企业需要进行处理；但商务局的办事员王某在科长简某的命令下修改了回访记录，使游某企业回访的信息符合率达到 100%。在这个案件中参与的人数众多，可以进行如下划分，具体如表 7-9、图 7-13 和图 7-14 所示。

表 7-9　合谋参与主体编码列表

公司操作人员	公司管理人员	二手家电商	商贸局基层人员	商贸局管理人员	工商局基层人员	工信委操作人员	财政局管理人员
宋某	游某、罗某	杨某	王某	简某	张某	杨某、龚某	万某
B_1	B_2	E_1	G_1	G_2	H_1	I_1	J_1

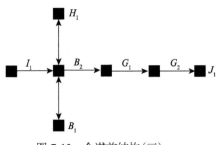

图 7-13　合谋前结构（三）

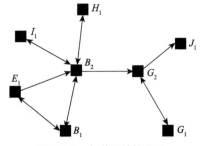

图 7-14　合谋后结构（三）

2）结果分析

A. 整体网情况

从构成形状上看，合谋前与合谋后都是星形网络。从规模上看，合谋前要比合谋后的参与者少一个；但是合谋前的整体密度（0.2857）和标准差（0.4518）与合谋后完全一致，说明合谋前后的网络结构并没有发生明显变化，也就是说，合谋后新加入的二手家电商对网络的影响不明显，合谋主要发生在合谋前就已经存在了的参与者之中。但是合谋后的平均距离缩短并且凝聚力指数上升，说明合谋后的网络成员之间的凝聚力更强。具体如表 7-10 所示。

表 7-10　整体网概况表（三）

状态	网络规模	整体密度	标准差	平均距离	凝聚力指数
合谋前	7	0.2857	0.4518	2.190	0.575
合谋后	8	0.2857	0.4518	2.000	0.595

B. 中心性

在点度中心度的指标上，不论是合谋前和合谋后，B_2 的点度中心度指标都是最高的（66.667 和 71.429），且由于 B_2 在中间中心度中所占的指标也是最高的，可以看出 B_2 对资源的控制程度也是最大的。在这个网络中 B_1 的地位较前面两个网络中的地位有所降低，但合谋后（28.571）的地位相对于合谋前（16.667）有所上升。值得关注的是 G_2，它的三个中心性指标在这些参与者中都相对较高，并且在合谋前的接近中心度指标高达 57.143，合谋后 G_2 的接近中心度虽然下降，但是与 G_2 同属一个部门的 G_1 的接近中心性却上升到 60.000，这说明 G_1 和 G_2 所在的组织在这个网络中占据很重要的位置，同时也说明 G_2 在合谋网络中的重要程度得到提升。企业管理者与合谋网络中的其他参与者的联系最为紧密，同时在三个衡量指标中，相对较高的是商务部门。具体如表 7-11 和表 7-12 所示。

表 7-11　合谋前中心度计算值（三）

指标	B_1	B_2	G_1	G_2	H_1	I_1	J_1
点度中心度	16.667	66.667	33.333	33.333	16.667	16.667	16.667
中间中心度	0.000	80.000	53.333	33.333	0.000	0.000	0.000
接近中心度	30.769	33.333	30.769	57.143	40.000	42.857	33.333

表 7-12　合谋后中心度计算值（三）

指标	B_1	B_2	E_1	G_1	G_2	H_1	I_1	J_1
点度中心度	28.571	71.429	28.571	14.286	42.857	14.286	14.286	14.286
中间中心度	0.000	80.952	0.000	0.000	52.381	0.000	0.000	0.000
接近中心度	42.857	66.667	50.000	60.000	46.154	42.857	46.667	41.176

C. 凝聚子群

合谋前计算显示结果为：0 cliques found，说明此网络中不存在任何派系。

合谋后计算显示结果为：1 cliques found，为 B_1 B_2 E_1。这个派系的参与者分别为公司操作人员、公司管理人员和二手家电商；公司管理人员通过公司操作人员的介绍从二手家电商处购买二手家电充当消费者以旧换新的旧家电，这三个参与者结成了一个小的团体。

3）主要结论

合谋前，网络是以公司管理人员为核心的放射状，合谋后呈现出的则是以公司管理人员和商务局管理人员为中心的双核心放射状，显然合谋后商务局管理人员在网络中的地位提升。《电子废弃物回收管理办法》（以下简称"办法"）中规定各个部门的职责是相互制约和衔接的，企业要想"凭空销售"，就必须与各个监督环节分别达成合谋，而这个网络是依靠企业连接的，所以企业自然成为核心成员；且在这种凭空销售的网络中，企业管理人员的重要性明显高于公司操作人员。在"办法"的规定中，商务部门的职责是最多的，同时监督的具体方面也是最多的，所以商务部门有可能是合谋网络中的次核心；网络分析也表明商务部门管理人员处于次核心，在网络中占据重要地位。当企业与商务部门合谋时，对企业的监管便缺失了一大部分；所以在政府参与的合谋网络中，商务部门可能是企业最想也最难"攻克"的一个部门。

结论 7-3　当有政府部门参与合谋时，企业的管理人员会跃居这个网络中的核心位置，并通过连接监管权最广的政府部门来达成合谋。

7.2.5　结论与启示

1. 研究结论

（1）销售企业人员在任何合谋网络中都趋于核心地位。研究发现，在政府主导的电子废弃物回收工程中，销售企业和双中标企业是最容易产生合谋的参与者，在没有政府部门参与的情况下，企业中的基层操作人员会通过架空消费者，使自己成为整个网络的核心来操控物流和资金流。在有政府参与的情况下，整个网络会呈现双核心性质，一边是企业管理人员所领导的回收业务操作者，另一边是不同政府部门代表的监督机构，两个核心控制着合谋网络并支配着网络的资源和权力，形成一个利益共同体。

(2)履行监督职责最广的政府部门可能成为网络核心。当有政府部门参与时，在工程中监督范围最广的部门有可能成为网络中政府成员的核心，因为这些部门的职责范围广，在工程实施过程中与其他部门的联系密切，所以极有可能充当结构洞的作用为企业搭桥，同时由于履行的监督权最广，所以也很有可能大权独揽，与企业结成合谋共同体。

(3)中间人在网络中起到结构洞的作用。除了"办法"规定中的参与者，也会有一些附于合谋关系网末梢的参与者，这些参与者的作用一般不大，且可替代性强。但是会存在一些隐蔽的中间人，这些中间人不履行具体的职责，只起到物流或者信息流传递的功能，在简单的合谋网络中往往也处于结构洞的位置，但由于行踪隐蔽，很难被查处。

2. 研究启示

(1)建立完善的审计和监督机制是有效防止合谋的重要方法。要重点加强对销售企业和双中标企业的监督，加强对这类企业的财务审计。同时督促销售企业对销售人员的管理，对企业实行责任制。对政府部门也要加强监管力度，重点监督网络中监督职责分布最广泛的部门。

(2)平行与星形合谋网络要严查核心位置参与者。对地位平行的合谋网络与销售企业为核心的星形网络，首先打击核心参与者，这样会使整个回收合谋网络破裂，再对每个参与者一一治理，尤其要提防"隐蔽"的"中间人"。

(3)利益和权力共同维系的网络要沿"线"击破。一是沿权力等级线顺藤摸瓜，首先打击权力网络中最上层的参与者，因为这些参与者拥有整个网络里面最多的权力资源；二是沿利益线理清合谋运作机制，理清派系之间的关系，逐一打击。

7.3　本 章 小 结

通过对三种物流模式的分析，利用网络层次分析法进行定性结合定量分析，结合实际对电子废弃物回收物流模式进行决策，模拟企业选择回收物流模式，结果表明：第三方外包回收模式是电子废弃物行业理想的回收模式，这为模式选择提供一种决策依据。电子废弃物回收处理的物流过程复杂且各有利弊，企业根据各自的需要选择适合本企业的最佳物流模式，但该行业的物流系统本身存在诸多问题，如信息处理能力不足使市场风险增大等。此外，还要考虑到决策者的个人因素，所以从理论和方法上对回收模式进行仿真模拟得出的结论只能供电子废弃物相关企业参考。

在电子废弃物回收合谋方面，探寻电子废弃物回收机制的建立问题，并从社会网络视角研究合谋关系特征。立足权威媒体报道的真实案例，从微观视角分析不同合谋形式的案例，分别研究合谋网络的结构特征及特征形成的机理；从宏观角度将案例分析的结论进行提炼，探讨电子废弃物回收合谋的预防机制和治理方法。

第8章 电子废弃物产业链回收行动者网络治理

自第三次科技革命以来，技术革新使电子电器产品寿命周期正呈现不断缩短的趋势，期间也产生了巨量的电子废弃物，造成了极大的资源浪费。本章立足于产业链治理理论和行动者网络理论，借鉴食物链模型构造契合电子废弃物回收产业特性的模型，运用行动者网络理论，将电子废弃产业链回收的各行为主体抽象化为网络模型中的客观实体，将电子废弃物产业链回收的"人类"和"非人"因素纳入整个分析网络，通过行动者主体之间的沟通、征召、协作等社会互动行为来共同解决电子废弃物的治理问题，从横向、纵向两个维度提出电子废弃物产业链回收的治理措施。

8.1 电子废弃物回收产业网络

8.1.1 电子废弃物产业链回收

电子废弃物产业链回收是指功能退化或无法满足需求的电子产品，利用回收网点、逆向物流网络，实现从消费者，经过分销商、回收平台等产业链成员，最终回到生产商的过程(图8-1)。在电子废弃物产业链回收中，主体主要包括生产商(含进口电器电子产品的收货人或其代理人)、分销商(含维修机构、售后服务机构)、回收者(含回收、储存、运输)、处理者、消费者(主要指机关、团体、企事业单位)等。随着网络平台的兴起，平台的回收效用越来越大。

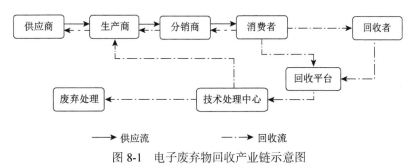

图 8-1 电子废弃物回收产业链示意图

电子废弃物产业链回收模型的理论基础有两个：一个是循环经济理论；另一个则是产业生态学理论。循环经济是把全部资源综合地利用、生态地设计、清洁地生产、可持续地消费和废物再资源化等融为一体，秉承"减量化、再使用、资源化"的行动原则，通过管理优化、技术改进，最大限度地减少物质和能量的浪费，对于不可避免的"废物"再回收利用，将其作为资源重新进入生产流通环节，打造生生不息的循环生态产业环。而产业生态学则要求有联系地、协调地看待产业链与外部宏观环境的关系，认为一切都是有其存在价值的。这里构建的电子废弃物产业链回收模型是借鉴了生物学中的食物链概念。

食物链理念认为所有生物都要消耗能量才能够生存并开展日常活动，最原始的太阳能量、矿物等其他资源沿着食物链从低级生物到高级生物，再由高级生物回到低级生物，能量与物质顺着食物链一级级地传递下去，从图 8-2 可以清楚地看到，每一条食物链都是一个相对封闭的生态系统。封闭性是食物链的一个重要的特征。

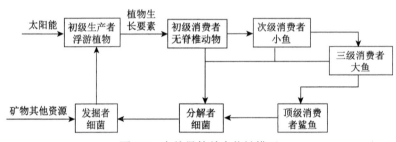

图 8-2　自然界简单食物链模型

将食物链模型映射到电子废弃物产业链回收模型上，电子废弃物产业链回收是一个相对封闭的系统，经过内部生产、销售、回收、处理等环节的相互作用、相互影响而形成一个有机的整体。电子废弃物产业链回收模型，首先起于外部能量的输入，进入电子电器生产者环节，加工制造完成流入初级消费者，经过整个回收系统可能流经 N 个消费者，无法使用的电子废弃物回到回收者手中，经过拆解、加工分流再次回到电子电器生产者的手中。具体如图 8-3 所示。与食物链相似，将消费者划为初级、次级消费者和末级消费者，这映射到电子废弃产业链回收模型中初级消费者、次级消费者及末级消费者；同时也考虑到系统的输入和输出，整个系统较为完整。另一不可忽略的因素是政府组织，其在产业链中直接影响着产业政策和产业环境，这两个方面对其他的产业链主体都产生多方面的影响。

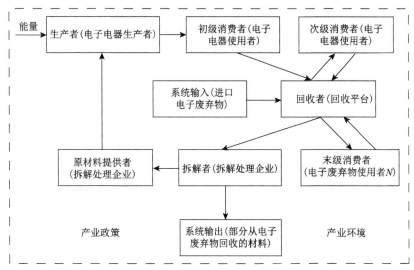

图 8-3　电子废弃物产业链回收模型

上述模型构建出一个相对封闭的闭环循环产业链,环环相扣,生生不息。以一个全新、最直观的产业链视角来研究电子废弃物产业链回收,特别是初级消费者、次级消费者、末级消费者概念的提出,充分契合电子废弃物产业链回收特征。

8.1.2　电子废弃物回收网络结构

1. 电子废弃物回收网络基本结构

与电子产品配送网络不同,在进行电子废弃物回收网络设计时,每个设计者考虑因素侧重点不同,因此电子废弃物回收网络的结构也便是形式多样。但是在研究众多的回收网络模式之后,不难抽象出电子废弃物回收网络基本结构。电子废弃物回收物流网络基本结构主要是由供应商、生产、分销、零售、消费者这一供应流,以及回收、分拣、处理等回收流组成。

如图 8-4 所示,可以总结回收三种回收流。其一是原有商品配送网络来进行电子废弃物的回收,这就类似于目前商家流行的"以旧换新"活动;其二是从消费者经回收,直接或经过分拣、处理等流程回到生产领域;其三是对于不能利用的电子废弃物经过回收、处理进入最终废弃环节,进行填埋或焚烧无公害化处理。

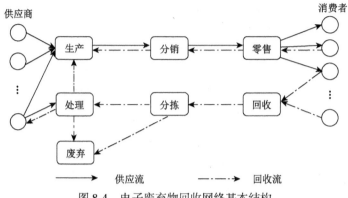

图 8-4　电子废弃物回收网络基本结构

2. 电子废弃物回收网络结构分析

一般地,电子废弃物回收网络形式可以有三种典型的形式,可以利用原有的电子产品配送网络,也可以单独建立回收网络或回收平台,抑或是将二者有机地结合在一起,可以相应地分为开环式、闭环式和复合式三种(表 8-1)。但就目前的形势而言,越来越多的第三方独立网络有了较大的发展。

表 8-1　三种电子废弃物回收物流网络结构的异同点

网络类型	电子废弃物回收来源	电子废弃物最终流向	网络特征
开环式回收网络	分散而众多的消费者	其他企业再利用或废弃	开环式回收网络具有相对独立性,网络相对简单,回收的废弃物不用于最初的生产商
闭环式回收网络	大型回收中心	供应链节点、废弃处理	投资较大,管理专业而复杂;集中回收缩短电子废弃物回收时间;统一加工处理实现增值服务;集中处理减少回收处理成本
复合式回收网络	消费者和回收中心	供应链节点、废弃处理,多元化流向	电子废弃物回收终点的流向不再局限于原产品的材料供应商或制造商;可以根据利润来决定最终流向;代表了第三方专业化电子废弃物物流的发展方向

3. 电子废弃物回收网络模型

在网络模型建设之时,必须充分考虑到固定资产投入、运输费用、运输时效、加工处理费等各项要素。在这里提出一个以制造企业为核心的电子废弃物回收网络模型。该网络模型以制造商为服务中心,同时加强了各实体之间的联系,缩短了部分零部件的回收流程,同时分拣过程由于目的性加强,处理更加彻底,最大限度地减少对环境的污染,提高处理效率。

如图 8-5 所示,整个电子废弃物的回收网络模型中电子废弃物的回收有三个不同的来源——消费者、回收中心及政府机构;回收渠道也有三种——沿供应链物流的回收流、经由二手市场的回收流、从消费者直接到回收中心的回收流;经过技术加工处理,对电子废弃物分类、拆解、提取原料,完成对电子废弃物的循环再利用。

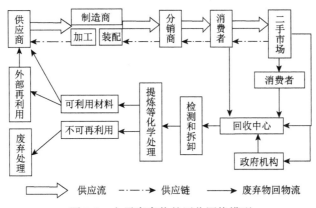

图 8-5 电子废弃物的回收网络模型

本节主要是从循环经济阐述电子废弃物产业链回收这个概念,并在借鉴食物链模型的基础上提出了相对封闭的电子废弃物产业链回收模型,并将产业链纵向做了扩充,引入网络模型,通过分析闭环、开环及混合性的回收网络,提出了以制造企业和回收为中心的多主体、多渠道的电子废弃物回收网络模型。

8.2 电子废弃物产业链回收行动者网络

8.2.1 行动者网络理论

1. 行动者网络理论起源

行动者网络理论是最早由法国科学知识社会学家拉图尔与他的同事卡龙共同提出的理论。对行动者网络的理解,可以从两个核心的概念出发,即行动者与网络。行动者网络中的行动者既可以是人类 (humans),也可以是非人类 (non-humans),在更多的行动者网络模型的研究中,更是将非人类主体提升到至关重要的一个位置;网络与线性的、单方向的结构不同,行动者网络理论的网络是变化的,在行动者角色进行转化时发生改变,网络作为传递媒介,行动者通过网络创造价值,传递价值,共享知识、信息等。

有学者提出行动者网络更是一种方法论，一个有效的研究方法、研究手段，一种看待问题的视野。因此，行动者网络理论往往是与具体的问题研究相结合。通过分析行动者网络理论的研究路径，可以总结出一般性的行动者网络研究方法。首先行动者网络研究方法主要是在分析行动者主体的基础上，通过转译(translation)来将各个主体的"异议"连接起来，从而构建异质性(heterogeneous)网络模型。转译分析是行动者网络主体联结的基本方法，转译分析就是关键行动者将自己的兴趣/利益转换为其他行动者的兴趣/利益，使其他行动者认可并参与由关键行动者主导构建的网络。而兴趣/利益的转换，要通过"强制通行点"来完成。通过强制通行点，其他行动者和关键行动者的兴趣利益发生联结，从而完成转译。

产业链治理从宏观视角强调人类主体的协同发展，而在行动者网络理论中，强调行动者主体的作用，非人类主体往往占据着重要的地位，所以在产业链治理过程中，必然是要将非人类主体提升到一个重要的层次。

2. 行动者网络理论分析过程

行动者网络理论认为前期的社会科学研究大部分以人类为中心，清晰地将自然与社会、人类与非人类划分出来，并提出这种二元的论述已经不适合用来深入研究我们所处的世界，因为许多不同的非人类如果不纳入研究范围，对于很多问题的探索都是不完整的。行动者网络的主要论点如下。

(1)行动者网络的构成是异质的：其要求无论是人类还是非人的相关行动者通过"强制通行点"将关键行动者主体的兴趣/利益与其他行动者主体连接起来，从而得到了一个异质的行动者网络。

(2)通过转译分析建构行动者网络：通过转译过程，即问题呈现、利益赋予、征召、动员、异议。

(3)以全新的研究视角来研究各行动者主体：行动者网络理论的构想跨越了传统的二元观念，提供了一个可以解决人类与非人类二元论的方法，将非人类主体与人类主体同等对待。

行动者网络论证主要是通过行动者主体分析、强制通行点和行动者网络理论转译的五个过程，分别是问题呈现、利益赋予、征召、动员、异议。转译分析后各个主体间的连接已经初步完成，便得出电子废弃物产业链回收行动者的网络图。具体流程与框架如图 8-6 所示。

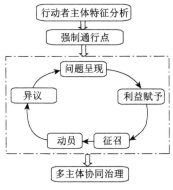

图 8-6　行动者网络研究框架

8.2.2　电子废弃物行动者网络分析

1. 行动者网络主体与强制通行点

行动者网络主体分析主要包括三个部分：主体划分、行动障碍及兴趣/利益点。电子废弃物产业链回收行动者网络主体分别为原材料供应商、制造企业、政府、回收者或平台、拆解处理运营商、电子废弃物及处理技术非人类主体，其中，政府、拆解处理运营商、回收者或平台、处理技术是关键行动者。这些行动者中，既有个人和组织，如个体回收者属于个人，政府、制造企业属于组织；也包括人类与非人类的主体，如电子废弃物和处理技术属于非人类，而其余属于人类或者人类的组合。

政府的行动障碍在于，产业链回收目前较为羸弱，资源浪费、环境污染等问题较为严重；拆解处理运营商则是受累于回收网络不成熟，技术处理无法提升增值服务；原材料供应商在资金、技术等方面的局限导致原材料可回收成分较少；制造企业在自建回收网络中需要花费大量的资金和管理费用；回收者或平台因为回收点、回收网络不成熟，回收渠道不顺；而处理技术方面更是迫切地需要寻求技术的突破。

通过分析电子废弃物产业链回收，我们可以得知电子废弃物回收的最终目的是实现经济和社会效益的双重进步。原材料供应商、制造企业、政府、回收者或平台、拆解处理运营商等行动者主体的强制通行点是"电子废弃物回收产业的治理和发展对每个行为主体都有益处"。其中，政府是想获得经济和社会发展的良性循环，实现资源节约和环境友好；而原材料供应商、制造企业、回收者或平台、拆解处理运营商等是为了获取利润的同时，承担一定的社会责任；政府主要是鼓励技术的发展及生产经营规范和标准化管理。电子废弃物产业链回收的行动者主体、强制通行点及每个主体的障碍如图 8-7 所示。

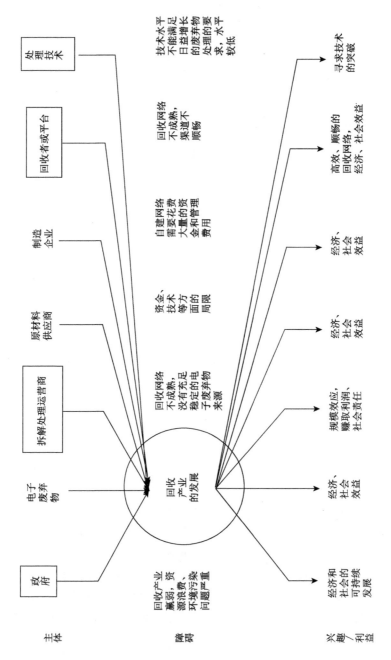

图 8-7　电子废弃物回收行动者网络及强制通行点

2. 转译分析与沟通机制

行动者网络构造最重要的是转译分析过程，主要包括问题呈现、利益赋予、征召、动员、异议五个部分，如图 8-8 所示是关于电子废弃物产业链回收的行动者主体及转译过程。

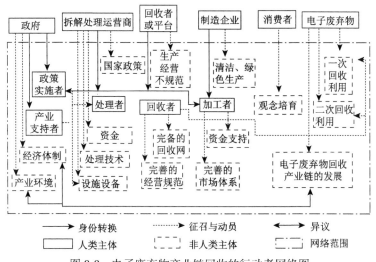

图 8-8　电子废弃物产业链回收的行动者网络图

1) 问题呈现

电子废弃物回收产业的行动主体，如回收者、拆解处理运营商等共同面对的问题是"在推动电子废弃物产业链回收发展的同时，也使行动者主体得到经济或社会效益，获得更多的利润"，为了实现这一目的，逐渐形成了电子废弃物回收的行动者网络。

2) 利益赋予

利益是行动者主体主动完成各自任务的动力。政府希望产业政策的刺激规范各行为主体的运营方式，营造良好的市场环境，促进电子废弃物产业链回收的发展，从而降低电子废弃物的环境污染，提高其回收利用效率，来获得经济和社会的可持续发展；专业拆解处理运营商希望通过国家在政策、资金方面的支持，获得发展的有利条件，再通过提升专业技术，来提高自己的业务水平，从而达到获取利润的目的，同时实现企业的社会责任；回收者或回收平台则希望通过完善的回收网络高效便捷地回收电子废弃物，并希望通过政府的教育和宣传提高消费者的环保能力，以扩大其市场供给量，从而获得利润，实现社会责任；电子废弃物则期望通过规范的回收、处理等手段来实现资源的再次利用；处理技术的拥有者则是期望国家能加大对相关技术的科研力量，在设施设备等方面有大的力度支持，寻求技术的突破。

3）征召

在电子废弃物回收产业的行动者中，回收者、拆解处理运营商等行动者必须被赋予互相可以接受的任务。例如，拆解处理运营商受到政府、回收者或回收平台、原材料供应商等行动者的征召，对电子废弃物实施专业化分拣、拆解处理。政府一般是征召主体，而很少是被征召体。

4）动员

一般情况下，政府对企业的动员能力相对来说比对单个个体的动员能力强，而行动者网络则是需要每一个行动者之间都有动员、征召的渠道，这就给行动者网络增加了不少的复杂性。

5）异议

电子废弃物回收行动者网络，参与主体众多，且行动者主体之间的背景差异非常大，于是产生了主体间的异议，同时也成了网络变化的动力。例如，回收者或回收平台与政府或消费者之间往往存在一些冲突，有些回收者或者回收平台会自己小作坊式地拆解、处理电子废弃物，虽然能得到些许经济利益，但这跟政府的行政立法等方面相冲突。所立足的利益不同，往往也存在异议。不过在征召、利益赋予、动员的环节可以尽量避免这些行动主体之间的冲突和异议。

基于转译分析的过程，将异质的人类的、非人类的行动主体有效连接起来，构建清晰的电子废弃物产业链回收的行动者网络图。如图 8-8 所示，行动者网络图中，行动者主体角色有可能发生转化，如政府主体在行动者网络中转化为政策实施者与产业支持者；人类主体与非人类主体存在征召与动员的关系，如政策实施者往往会动员处理者发挥其社会责任，发挥自己的优势处理废弃物；但同时我们也能发现主体之间存在异议的关系，目前我国电子废弃物产业链回收的发展是与当前经济体制、产业环境相抵触的，换而言之，经济体制、产业环境无法有效地促进电子废弃物产业链回收的发展。

通过行动者网络模型的构建，可以清晰地看出行动主体之间的连接关系，或身份转化、或征召、或异议，为产业链协同治理提供了重要的基础。

8.3　电子废弃物回收行动者网络治理

8.3.1　电子废弃物产业链回收横向协同治理

根据图 8-8，可以清晰地说明各个主体角色转换、动员与征召的方向和路径。接下来对各主体进行论述，进而说明电子废弃物产业链回收横向协同治理。

政府主体在行动者网络中是关键行动者,并扮演两个重要的角色——产业支持者和政策实施者。其在整个网络中的地位是举足轻重的,在网络中征召、动员经济体制与产业环境,为整个网络发展提供良好的外部环境,政策实施者与产业支持者都需要给予其他关键行动者主体资金、技术及设备设施等方面的支持。

拆解处理运营商在行动者网络中转变为处理者,需要国家政策的支持,如税收、财政的支持;在处理的过程中需要资金、技术及设施设备等方面的征召与动员,比较依赖回收者的电子废弃物来源支撑,动员回收者以得到稳定、高质量的电子废弃物。

回收者或平台在生产经营过程中存在违规操作,造成环境污染等情况,因此在回收者角色扮演过程中,需要政府主体完善的经营制度规范,并在原有基础的回收网络上,扩展网络节点,与政府共建完备的回收网络。回收网络与经营规范是回收者亟待解决的两个问题。此外,回收者或者回收平台的主要业务是对电子废弃物的一次、二次回收利用,为拆解处理企业降低回收成本。

电子电器生产商,电子废弃物生产的第一源头。因此,在生产之初,就需要对生产工艺、制造流程的优化改进,推进清洁、绿色生产。消费者主要是在于观念的培养,杜绝随手、随地丢弃电子废弃物,通过电子废弃物回收网点对其进行处理。

电子废弃物作为行动者网络中非人类行动主体,是电子废弃物产业链回收的唯一客体,贯穿整个产业链回收。其主要价值在于通过回收者的一次、二次回收利用,进入拆解处理企业的生产流程,可利用的材料重新投入生产制造环节,提升自身价值。但就目前而言,经济体制、产业环境与电子废弃物产业链回收的发展相抵触,无法有效促进其发展。

8.3.2　电子废弃物产业链回收纵向协同治理

以产业链为核心,以多主体协作进行纵向治理。如图 8-9 所示,从面向环境制造出发,经过消费者一、二次回收,处理技术推动,拆解处理回到生产制造企业。其中,众多环节中,一、二次回收,处理技术推动,以及拆解处理运营商在产业链治理中占据重要的地位。这里从回收网络混乱不堪、处理企业技术水平落后这两个问题入手,研究各个行为主体纵向协同治理,最终提出电子废弃物产业链回收纵向治理机制。

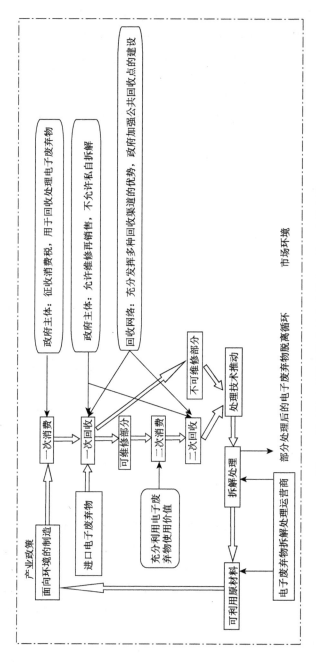

图 8-9　基于行动者网络的电子废弃物产业链回收纵向模型

电子废弃物回收网络，不仅仅是需要回收者或者回收企业来构建庞大而详尽的回收网络，由于经济主体的逐利性，往往回收网络只集中在发达的地区或者城市，另外一些没有拆解资质的回收个体铤而走险，进行简单粗暴的拆解回收，不仅会造成资源的浪费，更是会酿成不可挽回的环境污染。因此，经济主体在构建网络的同时，政府、民间环保机构可以对回收网点的设置尽些应尽之责。例如，政府通过社区组织，发动基层管理机构设置居民回收网点，与政府一些公共建设项目有效结合；民间环保组织利用慈善款项建设回收网点，不仅能解决环境问题，还能创造就业岗位，一举多得。充分发挥多种回收渠道的优势，经过经济主体、政府、民间环保机构等行为主体的协同合作，经济主体的缺陷有效地得到弥补，政府、民间环保机构都能获益颇多。

电子废弃物回收处理技术是拆解处理企业的短板，技术能力是其盈利、发挥其社会职责的重要能力之一，没有高效、经济的处理技术，就很难保证充分彻底地处理回收回来的电子废弃物，往往造成价值的浪费。而国家每年在先进技术研发方面投入巨量资金，因此可以引导国家科研基金到回收核心技术的研发，技术推动，建立政府、企业技术共享平台，通过转让、股份合作的方式分享先进技术。

从两个问题作为切入点研究可以发现，政府在整个产业链中扮演着不可替代的作用。无论是在回收点、回收网络建设和规范上，还是在技术支持方面，都不能脱离政府的能量与影响力。因此，电子废弃物产业链回收纵向治理过程中，必然是以政府为主体，创造宽松的市场环境及积极的产业政策，充分发挥经济主体的积极性，予以技术、资金、税率等方面的优惠，规范市场主体经营，解决和处理好电子废弃物产业链回收三大重要环节。经过以上的治理，不仅可以有效地处理产业链发展过程中的合作程度不高、无序竞争甚至倾轧的问题，更可以盘活整个产业链，提升产业链的综合竞争力。

8.3.3　治理启示

通过引入行动者网络理论，分析电子废弃物产业链回收行动者主体特征，再由转译分析过程将每个行动者连接起来。在行动者网络模型中，提出电子废弃物产业链回收横向协同治理；根据电子废弃物产业链，提出电子废弃物产业链回收纵向协同治理。

(1)行动者网络作为创新性的研究方法和研究工具，对于行动者主体特征分析有着重要的作用，并且通过强制通行点异质主体之间相互得以连接起来。

(2)主体连接之后，通过转移分析的五个过程，充分认识主体与主体之间的联系，或征召、或动员、或异议。

(3)在整个行动者网络模型建立之后，便从横向与纵向两个角度研究产业链治理，对网络治理、网络优化方面有启发意义。

8.4　电子废弃物产业链回收治理建议

8.4.1　政府初期强化引导，中期放权各方，后期弱化管制

在我国电子废弃物回收处理过程中，政府一直扮演管理者角色，负责法律法规的制定、回收体系的构建及运营处置中心的管理等。但是近年来，电子产品增长迅猛、电子废弃物污染问题愈发凸显，加上电子废弃物污染严重和价值高的双重特性，如果政府仍然僵化地处于管理者地位不知变通，那么不仅会导致政府的管理成本居高不下，也会使管理效果不尽如人意。因为从我国现阶段来看，电子废弃物仍然是二手市场中非常重要的货物来源渠道，它本身的回收过程就具有极高的市场化属性。如果政府以行政手段强制回收电子废弃物，那么政府将要付出巨大的成本，用"以暴制暴"的方式来保障电子废弃物回收市场的稳定和有序也是难以实现的。

目前，政府在电子废弃物回收处理领域，主要承担的责任包括法律法规制定、监督、财政支持和宣传教育等。政府在电子废弃物回收处理中充当引导者角色，在相关立法及监督企业两个方面，政府仍然要身体力行，尤其是在电子废弃物产业链回收形成的初期，各种制度规范尚未形成、各个利益相关者的行为准则也有待修正，政府必须切实进行引导，对国家电子废弃物回收处理的发展目标与发展方向进行统筹规划。在财政支持及宣传教育方面，应根据电子废弃物回收处理领域的特点，通过引导、协助的方式维持电子废弃物回收市场的稳定及有序。根据前几章的研究，本书总结出政府可以通过以下几个方面扮演好引导者的角色。

首先，在电子废弃物产业链回收治理初期，政府应对企业采取强硬的监管手段，加强引导力度，对于有损环境的企业行为严惩不贷，在产业链治理初期就立下不容违反的规范，以打好产业链治理基础。其次，在电子废弃物回收环节中，政府应当发挥牵引作用，帮助回收处理企业保证电子废弃物回收的数量。当地政府可以便捷联络产业链上各个利益相关者，从而可以有效拓宽回收处理企业的回收渠道，回收处理企业通过政府的中介作用可以与生产者、销售者、社区、便利店等相互连接，可以在很大程度上解决电子废弃物回收渠道不畅的问题。再次，政府在电子废弃物专项处理基金的分配征收、管理与使用中，应当发挥适当的指引作用。因为基金的管理需要公正和公开，而政府具有极强的公信力，具有使生产者、回收处理企业对基金从征收到分配的各个环节放心的能力。政府只需要履行保证基金专款专用的职责即可，不必过多插手其他相关的管理问题，以免削弱其他社会组织的执行能力。最

后，政府在建立回收处理激励机制、环境和经济持续发展的目标、鼓励生产商做拆解等方面也应保持与对待专项基金同样的态度，制定切实可行的制度规范即可，而不必亲自执行。

8.4.2　行业协会担当中介，打通沟通渠道，合理配置资源

政府主导型回收模式和企业(生产者)主导型回收模式都有各自的不足，如前者存在市场化前景不明确的问题，而后者又对生产者要求过高。而行业协会作为产业链中的非营利性中介组织既可以作为政府主导模式的补充得到引入，又能兼顾从生产者的角度看待电子废弃物回收的问题。电子废弃物回收产业中的行业协会组织可以通过以下几个方面维持产业平稳运行。

首先，电子废弃物回收产业具有极强的社会效益和经济效益，而且两种效益相当，因此由电子废弃物回收处理企业的代表组成的行业协会组织也显得尤为特殊，它不仅可以与政府建立有效的沟通和利益诉求渠道，还可以维护产业链上企业的利益，在服务企业的同时建立威信，形成自律，在此基础上对企业形成管理与约束。其次，让行业协会组织参与到电子废弃物回收网络的构建中。因为电子废弃物产业链回收中的企业很难单独建设电子废弃物回收网络，并且单独建立回收网络还可能导致重复建设、浪费资源，不利于电子废弃物产业链回收的形成和发展，就像很多回收处理企业由于难以回收到足够的电子废弃物而设备闲置。行业协会组织作为产业链中的"中介者"，掌握着整个产业链的信息资源，有能力对电子废弃物进行合理配置，从而实现资源的最优分配。最后，政府可以交由行业协会行使部分行政职能，但是要在法律允许范围内。例如，委托行业协会制定或修改行业规则和标准，对协会成员进行培训与教育并要求其进行自我约束，企业也可以通过行业协会向政府反映意见或建议。企业通过行业协会这座桥梁可以与政府更好地进行沟通，政府也可以通过行业协会引导整个产业规范、有序发展。

8.4.3　企业全生命周期动态协同，自上而下推行环保意识

电子废弃物产业链回收中的企业涉猎较多，包括电子产品的生产商、销售商、回收处理商、第三方物流等。虽然引起社会各界广泛关注的生产者责任延伸制度强化了生产商在电子废弃物回收处理中的责任，但是并不代表生产商是孤军奋战的，生产商在不同阶段必须与其他企业进行合作才能形成优势互补，发挥协同效应。本书根据电子产品的生命周期，在此提出以下几点建议。

在设计阶段，生产商与回收处理企业沟通协作，通过电子产品结构设计的优化，提高电子废弃物的回收效率。生产商在电子产品设计初期肩负绿色设计的责

任，即在最初设计电子产品时就考虑使用何种环保材料、何种产品结构和何种工艺流程才能方便今后的拆解。这样不仅有利于回收处理企业的拆解和回收，降低拆解难度，提高拆解效率，还能达到清洁生产和环保的目的。此外，如果生产商自身就有回收处理的业务，对生产商而言，从产品的设计之初就考虑到回收和拆解的便利性对生产商来说也是一项十分有利的措施。

在出售阶段，生产商与销售商共享部分信息，让销售商及消费者明晰电子产品的基本组成材料，以防存储及使用方法不当对环境造成污染。生产商可以在电子产品出厂时通过说明光盘或说明书披露产品的必要信息，也可以通过相关的技术人员或销售人员在销售产品时告知消费者具体事宜，以防止对电子产品操作不当造成环境污染或身体损害，这也是企业社会责任及环保意识的一种体现。

在回收阶段，生产商与第三方物流合作，共同帮助建设回收网点。虽然生产者责任延伸制度受到广泛关注，但是并未通过法律对生产企业规定明确的和强制性的义务，生产企业自身对电子废弃物的回收也往往应接不暇，很难独立承担起回收的重任。目前我国电子废弃物回收渠道中，个体回收者往往比正规回收企业能回收到更大量的电子废弃物，但是个体回收者回收的电子废弃物通常会流入设备简陋、拆解方式不科学的家庭式拆解作坊，对环境极为不利，因此，建立具有体系的回收网点对于电子废弃物的回收从混乱变为有序显得尤为重要。生产商在帮助建设回收网点方面有着天然的优势，因为每一家生产商都和数家销售商或第三方物流有合作关系，由第三方物流负责与各个回收网点的交接，在生产商、销售商及第三方物流等多方的密切配合下，一定能够实现对电子废弃物的有序回收。

本书的研究结果已经表明，企业最终会在主动加大环保投入的状态下达到稳定均衡，因此，产业链中各个不同性质企业的企业文化及高层管理者的社会责任意识对电子废弃物产业链回收的良性发展也至关重要，如果企业高层管理者及企业的文化更加重视环境保护，那么企业就会自然而然地主动加大环保投入，不同企业具有相同的环保意识也会使整个产业链的协作更加顺利。

8.4.4 公众前期受政府宣传驱动，而后倒逼企业绿色设计

消费者在电子废弃物产业链回收中既是电子产品的使用者又是电子废弃物产生的源头，没有消费者的参与，电子废弃物的回收处理工作难以展开。但是电子废弃物有偿回收的观念在我国消费者的心中已经根深蒂固，短时间内难以通过强制的方式进行转变，因此，让消费者主动放弃回收价格高的非正规回收途径而选择正规回收途径是有一定难度的。为此，本书提出以下几点建议以促进消费者参与电子废弃物的回收。

首先，政府、生产商和销售商应当从环保理念出发，通过利用媒体、产品外观包装、销售渠道宣传等方式向消费者普及电子废弃物污染防治的相关知识。由于传统观念的影响，短期内政府难以对消费者强加回收处理的经济责任，但是利益相关者却可以通过循序渐进的方式引导消费者承担相应的责任。现在人们对生活环境是否良好已经有了前所未有的关注，况且电子废弃物的污染会对人们的身体健康造成直接的影响，因此我国消费者在对电子废弃物回收处理的问题上已经开始有意识地关注，所以政府和企业只需对消费者进行适当的引导，对消费者的社会责任及环保意识进行激发，接下来便会向全民环保的方向发展。其次，回收处理企业通过提升回收价格吸引消费者转移到正规回收途径，推动消费者形成良好的回收处理习惯。我国回收处理企业享受电子废弃物回收处理基金补贴，因此回收处理企业应该将这笔补贴的部分费用于提高电子废弃物的回收价格，拓宽回收渠道，提升回收服务的品质，为消费者能够自愿且及时通过正规回收途径处理电子废弃物做推手。再次，生产商与销售商也应该分担电子废弃物的回收处理责任，通过与消费者直接接触的销售网点和维修服务网点向消费者传递回收信息。最后，除了生产商与销售商，与消费者有直接接触的社区也应担负起电子废弃物回收处理的责任，例如，在社区居委会定期进行电子废弃物回收的环保宣传、社区建立回收网点或者定期上门回收等，社区的涉入提升了消费者电子废弃物回收的便利性，同时也能通过社区活动把环保思想渗入消费者的生活中，通过潜移默化的方式向消费者传递环保理念。

8.5　本章小结

本章利用行动者网络理论，分析了电子废弃物回收产业链治理，小结如下。

(1)电子废弃物具有污染性和资源性属性，现阶段主要表现其资源性，通过有效的技术手段，电子废弃物蕴涵的价值绝对大于其成本，特别是在电器电子产品更新换代节奏加快的形势下，越来越多的电子废弃物通常还蕴涵很大的使用价值。

(2)电子废弃物产业链回收是一个相对闭环的体系，从生产到消费，再从消费到回收处理，环环相扣，几个环节均是不可分割的部分，每个主体都应分工明确，职责鲜明，共同提升产业链竞争力。

(3)电子废弃物产业链回收治理要落脚于横向与纵向两个方向协同治理，不仅需要基于行动者网络主体的横向协同治理，还需要从产业链视角的纵深协同治理机制。

第9章 结论与展望

9.1 主要结论

本书通过对我国电子废弃物回收处理现状的分析，结合不同理论与多种方法对产业链视角下的电子废弃物回收治理机制进行研究。在对我国电子废弃物产业链回收治理的探讨中发现，影响产业链治理的因素众多，总体来说可以概括为外部环境、企业内部协同能力、企业外部协同能力及产业链协同治理能力，并且具体的影响因素有轻重缓急，相互之间也有或紧密或松散的联系，产业链的利益相关者应该根据自身情况对不同的影响因素进行差别处理。但是随着时间的变化，产业链中利益相关者的行为也会发生变化，相应地，就应该采取不同的治理方式。本书通过对产业链中政府、企业和消费者等主要利益相关者的行为进行动态仿真，确定了主要利益相关者的演化均衡状态及在产业链中扮演的角色，即政府、消费者和企业分别充当系统演化引导者、辅助者和推动者。本书的研究得出以下结论。

(1)通过探索性多案例分析，利用扎根理论分析工具析出了电子废弃物产业链回收协同治理影响因素的理论模型，帮助企业管理者和政策制定者理解电子废弃物产业链回收协同治理的运行机制，并借助社会网络分析法量化各影响因素在电子废弃物产业链回收协同治理中的重要性，使企业和政府有重点地进行改进。政策环境、地方规制和市场氛围等外部环境因素是电子废弃物产业链回收协同治理的催化剂，对电子废弃物产业链回收协同治理具有支撑作用，能有效提升电子废弃物产业链回收协同治理的速率。企业自治、学习和创新体现企业内部协同，建立关系和思想共识体现企业外部协同，共同组成的协同能力是电子废弃物产业链回收协同治理的驱动力，是电子废弃物产业链回收协同治理的决定性因素。产业链整合和产业链延伸是电子废弃物产业链协同治理的目标，也是电子废弃物产业链升级的不同路径和方向。外部环境、协同能力和产业链协同治理共同诠释了电子废弃物产业链回收协同治理的影响机制。政府激励比法律法规约束更有效；电子废弃物管理的法律体系和机构设置不健全，未清晰界定责任主体与内容，未开发可行的责任分配与核算方法。没有统一的回收体系和相应电子废弃物环境管理方面的法规，因此，法律法规约束作用不明显；相反，资金保证、补贴政策和经济激励机制等对电子废弃物产业链回收协同治理影响较大，因为社会对"付费处置"观念不认可，加上政府激励政策不仅切实落实，更关乎企业利益，所以政府的激励比法律法规的约束更有效。虽然激励政策对电子废弃物产业链回收作用比较大，但对环保设计和环保处理的激励作用不够，没有真正激励生产商采用环保设计、处理商采用环境友好的处理技术。技术和环保理念双重推进，电子废弃物产业链回收上的利益相关者注重学习和创新，积极借鉴国外电子废弃物回收处理先行国家的技术和经验，依托互联网和大数据，使用新技术或设备探索电子废弃物新的回收渠道和回收处理模式；同时，政府环保理念宣传作用下，企业开始坚持循环经济发展理念，公众思维方式和消费习惯有所转变，开始注重绿色消费，企业和公众环保责任意识逐渐增强。

（2）在电子废弃物产业链回收治理过程中，政府、消费者和企业是主要的利益相关者，三者不断进行交易与协调，以实现合理的利益让渡和责任分担，并达到对各方都有利的稳定状态。为了进一步研究三方在电子废弃物产业链回收中协调演化的驱动因素，本书筛选出六个对三方策略演化均有显著影响的因素，并通过改变各个因素数值的大小，分析三方策略演化路径的变化。仿真结果表明：第一，无论政府、消费者、企业的初始策略为何，经过一个不断博弈的过程，三方最终会在（政府不监管，消费者选择正规回收途径，企业主动加大环保投入）处达到稳定均衡，但是政府在初期选择监管策略会使各方的策略演化路径更简单直接。第二，在多主体演化博弈过程中，政府、消费者和企业分别充当系统演化引导者、辅助者和推动者角色。政府的最初策略会决定企业的策略演化路径，并且政府对企业的影响具有滞后效应；消费者环保意识的提升使消费者主动承担"监管人"角色，辅助政府促进企业向积极策略演化；而企业的初始策略又会影响政府的策略选择，同时也会加速或减缓消费者达到演化稳定，从而形成"政府引导+消费者辅助⇔企业推动"的相互作用，推动系统演化。第三，政府的监管成本、给予企业的奖励、对企业的罚金，以及企业获得的循环经济效益、采取主动策略付出的成本、短期获得的经济效益是系统演化的主要驱动力。其中，政府的监管成本和给予企业的奖励直接影响政府的策略选择，从而间接影响消费者和企业的演化路径，而政府对企业的罚金虽然对政府的策略选择影响较小，但是对企业的策略选择却有很大影响；企业获得的循环经济效益、主动加大环保投入的成本和短期获得的经济效益都会直接影响企业的策略选择，进而影响政府和消费者的策略演化路径。

（3）本书为了探究社会资本对电子废弃物回收治理模式选择的影响，通过调查问卷获得相关数据，运用因子分析、方差分析及回归分析对量表进行信度和效度分析。在此基础上，通过构建结构方程模型探究社会资本、治理主体行为与持续参与意愿间的关系。研究发现，认知维社会资本能显著影响治理主体协调、维护和激励行为，而结构维社会资本仅对治理主体维护行为有显著影响；认知维社会资本与治理主体协调和维护行为对参与者持续参与意愿有显著影响。本书证明了利益相关者共同治理型治理方式是最适合当前中国国情的电子废弃物回收治理模式。

(4)随着电子产品消费量的日益增多,很多电子生产企业开始尝试外包其产品的回收业务。但由于电子产品自身特点和外包性质,这中间存在各种风险。本书立足于电子产品回收的业务外包风险,通过故障树将风险直观化,然后将其映射成对应的贝叶斯网络,对动态和静态的风险大小进行分析,这样能以较快的速度辨别出相对较弱的部分;然后利用计算结果定位出最容易发生外包风险的因素,借助 HAZOP-LOPA 对重点风险进行动态风险控制,利用蝴蝶结模型进行全面风险控制。通过研究发现风险的阶段性很强,重点风险集中于运营前的决策阶段,并且阶段间的风险容易组成风险链条使风险放大。

(5)为了解决各个利益集团在政府政策补贴的电子废弃物回收工程下合谋骗补的问题,本书以社会网络分析法理论为基础,并立足于"以旧换新"项目实施过程,收集典型合谋案例,利用 UCINET 软件进行合谋网络分析。最后通过整体网络、中心性和凝聚子群这三个测度指标来透视合谋网络特点,并对比分析合谋前网络特点。结果表明:在没有政府参与的网络中,销售商容易居于合谋的核心位置,且通过架空消费者的地位来瓜分消费者应有的补贴;而在政府部门参与的项目中往往会出现企业和政府的双核心网络,通常由企业的管理人员充当结构洞来连接各方的参与者,所以这种网络呈现出以企业管理人员为中心的星形网络的态势。本书将网络层次分析法引入电子废弃物回收合谋的领域,通过微观具体主体行为与宏观关系网络相结合,合谋前机制设计与合谋后的网络特征相对比,厘清了网络成员中的关系及合谋前后参与者之间的地位变化,并结合普遍性的合谋网络治理方法提出治理方式。

(6)电子废弃物产业链回收是相对封闭的回收处理系统,产业链治理不仅需要基于行动者网络主体的横向协同治理,还需要产业链视角的纵深协同治理机制。建立多主体、多层次的电子废弃物回收渠道,促进个体商贩职能转变,消除回收者与政府组织的异质,充分发挥非人类主体技术的推动作用,健全产业政策体系,共建社会性、经济性的电子废弃物产业链回收。

9.2　不足与展望

通过对电子废弃物回收相关资料进行广泛搜集、对软件进行拓展性应用、对研究结论进行系统性分析,构建了电子废弃物产业链回收协同治理的机制,本书的一些结论和建议可以给电子废弃物产业链回收上不同利益相关者的实践提供参考。但是受所查找研究资料内容、相关环境科学知识、经济学知识等专业知识的学识限制,本书不可避免地存在一些不足:①在影响因素的研究方面,过多依赖于网络搜集的访谈资料，缺乏权威高层管理者的高深见解，可能导致得出的结论缺乏战略性眼光；②在动态演化方面，因为难以获得相关企业的财务报表及政策支持情况，所以用于仿真的外生变量的初始值都是笔者根据实际情况自行设定的，仿真得出的演化路径和实际的演化路径可能有些许偏差；③在探讨建议、研究思路上存在片面性和局限性，在治理模式的总结上也应与时俱进。

在"互联网+"的浪潮下，笔者认为互联网和传统的电子废弃物回收处理产业应该会碰撞出神奇的火花，如何通过云计算和大数据对电子废弃物产业链回收进行智能化的治理也是笔者感兴趣的方向。信息技术突飞猛进，学术界也日新月异，如何进行跨界整合以达到多方利益最大化，我们任重而道远。

参 考 文 献

白婷婷. 2013. 论我国电子废弃物法律制度的完善[D]. 上海: 华东政法大学.

财政部. 2015.关于印发《家电以旧换新实施办法》的 通知[EB/OL]. http://www.mof.gov.cn/ preview/jinjijianshesi/zhengwuxinxi/zhengcefagui/200907/t20090702_175434.html.5-1[2016-05-05].

常宏建, 张体勤, 李国锋. 2014. 项目利益相关者协调度测评研究[J]. 南开管理评论, 17(1): 85-94.

陈魁, 姚从容. 2009. 电子废弃物的再循环利用: 企业、政府与公众的角色和责任[J]. 再生资源研究, (1): 18-22.

陈明红, 漆贤军. 2014. 社会资本视角下的学术虚拟社区知识共享研究[J]. 情报理论与实践, (9): 101-105.

陈叶烽, 叶航, 汪丁丁. 2010. 信任水平的测度及其对合作的影响——来自一组实验微观数据的证据[J]. 管理科学, (4): 54-64.

陈占锋, 陈纪瑛, 张斌, 等. 2013. 电子废弃物回收行为的影响因素分析——以北京市居民为调研对象[J]. 生态经济, (2): 178-183.

董维维, 庄贵军. 2013. 关系营销导向、关系状态与营销渠道中跨组织协调行为[J]. 软科学, 27(12): 31-35.

杜龙政, 汪延明, 李石. 2010. 产业链治理架构及其基本模式研究[J]. 中国工业经济, (3): 108-117.

方伟成. 2011. 电子废弃物回收处理体系的研究[J]. 工程科技 I 辑, (S1): 1-71.

费钟琳, 朱玲, 赵顺龙. 2010. 区域产业链治理内涵及治理措施[J]. 经济地理, 30(10): 1688-1692.

福山 F. 2001. 信任、社会美德与创造繁荣经济[M]. 彭志华译. 海口: 海南出版社.

郭永辉. 2012. 基于社会网络分析的航空制造企业合作创新影响因素分析[J]. 工业技术经济, (7): 68-74.

郭永辉. 2013. 中国生态产业链治理模式及演变路径分析[J]. 中国科技论坛, (10): 138-145.

胡飞. 2013.EPR 下电子废弃物逆向物流运营模式的比较与研究[D]. 太原: 山西大学.

胡显伟, 段梦兰, 官耀华. 2012. 基于模糊 Bow-tie 模型的深水海底管道定量风险评价研究[J]. 中国安全科学学报, 22(3):128-133.

怀劲梅, 崔南方. 2006. 企业物流外包战略中的合同管理问题研究[J]. 物流技术, (1):5-7.

黄贤金. 2009. 循环经济学[M]. 南京: 东南大学出版社.

黄晓治, 于洪彦. 2011. 企业社会责任、利益相关者关系与投资回报[J]. 学术论坛, (3): 121-124.

黄中伟, 王宇露. 2008. 位置嵌入、社会资本与海外子公司的东道国网络学习——基于 123 家跨国公司在华子公司的实证[J]. 中国工业经济, (12): 144-154.

金珉丞. 2010. 我国新时代下电子垃圾防治问题探讨[J]. 商业经济, (8): 106-107.

蓝英, 朱庆华. 2009. 废旧家电回收管理中消费者参与影响因素实证研究[J]. 生态经济, (7): 52-55.

李春发, 杨琪琪, 韩芳旭. 2014. 基于 C2B 的废弃电器电子产品网络回收系统利益相关者关系研究[J]. 科技管理研究, (23): 233-244.

李进. 2010. 试论电子废弃物回收管理体系的优化——基于 ICT 电子废弃物回收管理及其拓展的思考[J]. 生态经济, (11): 174-178.

李维安. 2009. 公司治理学 [M]. 2 版. 北京: 高等教育出版社.

李响. 2012. 逆向物流运作管理研究进展与趋势[J]. 中国科技论坛, (8): 58-63.

李兴旺. 2015. 案例研究好方法: 扎根理论[EB/OL]. http: //www. docin. com/p-1074005008. html [2015-10-01].

梁迎修. 2014. 借鉴国际经验探讨我国电子废弃物的法律治理之道[J]. 环境保护, (6): 61-63.

林成森, 朱坦, 高帅, 等. 2015. 国内外电子废弃物回收体系比较与借鉴[J]. 未来与发展, (4): 14-20.

刘宝. 2006. 电子废弃物回收逆向物流网络设计问题研究[D]. 哈尔滨: 哈尔滨工业大学.

刘慧慧, 黄涛, 雷明. 2012. 家电以旧换新政策中废旧电子产品回收效果与改进体系[J]. 经济管理, (11): 103-112.

刘慧慧, 黄涛, 雷明. 2013. 废旧电器电子产品双渠道回收模型及政府补贴作用研究[J]. 中国管理科学, 21(2): 123-131.

刘舰. 2014. 联合运输虚拟企业服务链协调运作的研究[D]. 兰州: 兰州交通大学.

刘军. 2009. 整体网分析讲义——UCINET 软件实用指南[M]. 上海: 格致出版社.

刘小平. 2011. 员工组织承诺的形成过程: 内部机制和外部影响——基于社会交换理论的实证研究[J]. 管理世界, (11): 92-104.

刘旸, 刘静欣, 郭学益. 2014. 电子废弃物处理技术研究进展[J]. 金属材料与冶金工程, 42(2): 44-49.

刘云兴, 迟晓德. 2013. 中国电子垃圾危害与处理技术研究[J]. 环境科学与管理, 38(5): 57-60.

鲁修文, 刘在平, 李明高. 2012. 我国电子废弃物回收处理现状、问题及对策[J]. 环境科学与技术, 35(6I): 455-457.

潘开灵, 白烈湖. 2006. 管理协同理论及其应用[M]. 北京: 经济管理出版社.

祁毓, 卢洪友, 吕翅怡. 2015. 社会资本、制度环境与环境治理绩效——来自中国地级及以上城市的经验证据[J]. 中国人口·资源与环境, 25(12): 45-52.

秦小辉. 2008. 废旧电子产品逆向物流网络优化设计研究[D]. 成都: 西南交通大学: 18-20.

曲灵均. 2015. 专家揭秘家电骗补: 二三线品牌几乎全部参与 [EB/OL]. http://gb.cri.cn/27824/2011/01/04/541s3111861.htm[2015-05-04].

任鸣鸣. 2012. 电器电子废弃物末端污染治理的生产商激励问题研究[J]. 河南师范大学学报(哲学社会科学版), 39(3): 94-97.

任鸣鸣, 仝好林. 2009. 基于模糊综合评价的 EPR 回收模式选择[J]. 统计与决策, 15(3): 42-44.

阮平南, 于深, 陈惠. 2012. 社会资本对企业战略网络稳定性影响机理分析[J]. 企业经济, 31(3): 11-14.

宋方煜. 2012. 企业社会资本与企业创新绩效的关系研究——知识转移的中介作用[J]. 东北大学学报(社会科学版), 14(5): 412-417.

苏程浩. 2015. 关于电子废弃物回收处理系统演化的分析[J]. 新西部, (3): 64-65.

唐晓华, 王广凤, 马小平. 2007. 基于生态效益的生态产业链形成研究[J]. 中国工业经济, (11): 121-127.

唐跃军, 李维安. 2008. 公司和谐、利益相关者治理与公司业绩[J]. 中国工业经济, (6): 86-98.

田亚明, 顼玉卿. 2010. 我国电子废弃物回收逆向物流模式分析[J]. 中国商贸, (8): 140-174.

童天蒙. 2014. 电子废弃物回收处理体系的激励契约研究[D]. 上海: 东华大学.

汪延明. 2012. 基于技术董事协同能力的产业链治理研究[D]. 天津: 南开大学.

汪延明, 杜龙政. 2010. 基于关联偏差的产业链治理研究[J]. 中国软科学, (7): 184-192.

王道平, 夏秀芹. 2011. 在我国电子废弃物回收中发挥第三方物流优势研究[J]. 北京工商大学学报(社会科学版), (4): 83-87.

王世权, 牛建波. 2009. 利益相关者参与公司治理的途径研究[J]. 科研管理, 30(4): 105-114.

王书明, 李岩. 2009. 电子垃圾治理研究综述[J]. 西安电子科技大学学报(社会科学版), 19(5): 45-50.

王晓巍, 陈慧. 2011. 基于利益相关者的企业社会责任与企业价值关系研究[J]. 管理科学, 24(6): 29-37.

王兆华, 尹建华. 2008. 我国家电企业电子废弃物回收行为影响因素及特征分析[J]. 管理世界, (4): 175-176.

魏炜, 朱武祥, 林桂平. 2012. 基于利益相关者交易结构的商业模式理论[J]. 管理世界, (12): 125-131.

吴军. 夏建中. 2012. 国外社会资本理论: 历史脉络与前沿动态[J]. 学术界, (8): 67-76.

吴培锦, 田义文, 邵珊珊. 2010. 我国电子废弃物的回收处理现状及法律对策[J]. 特区经济, (4): 233-234.

吴思斌. 2014. 电子垃圾的生态危害与回收利用[J]. 生态经济, 30(2): 12-14.

吴志红. 2015-05-22. 电子垃圾处理且行且新[N]. 人民政协报, 07.

武春友, 邓华, 段宁. 2005. 产业生态系统稳定性研究述评[J]. 中国人口·资源与环境, (5): 20-25.

向宁, 梅凤乔, 叶文虎. 2014. 德国电子废弃物回收处理的管理实践及其借鉴[J]. 中国人口·资源与环境, 24(2): 111-118.

解青园. 2012. 废旧电子电器逆向物流的外部性及其补偿机制研究[D]. 重庆: 重庆大学.

严北战. 2011. 产业势力、治理模式与集群式产业链升级研究[J]. 科学学研究, 29(1): 72-78.

杨传明. 2011. EPR下电子废弃物回收物流产业链模块化研究[J]. 科技管理研究, (1): 107-111.

杨瑞龙, 周业安. 1998. 论利益相关者合作逻辑下的企业共同治理机制[J]. 中国工业经济, (1): 38-45.

杨宇航. 2015. 中小企业物流外包中的合同风险及防范[J]. 物流技术, (9): 80-82.

姚凌兰, 贺文智, 李光明, 等. 2012. 我国电子废弃物回收管理发展现状[J]. 环境科学与技术, 35(6I): 410-414.

姚锡文, 许开立, 汤规成, 等. 2014. 基于贝叶斯网络的HAZOP-LOPA集成分析与应用[J]. 东北大学学报(自然科学版), 35(9): 1356-1359.

殷保稳, 秦士跃, 张亦飞, 等. 2014. 从电子废弃物中回收贵金属的方法概述[J]. 现代化工, 34(6): 5-9.

游家兴, 邹雨菲. 2014. 社会资本、多元化战略与公司业绩——基于企业家嵌入性网络的分析视角[J]. 南开管理评论, 17(5): 91-101.

余福茂, 何柳婉. 2014. 中国电子垃圾回收企业的环保意识及行为的影响因素分析研究——以浙江为例[J]. 环境科学与管理, 39(1): 20-24.

袁静, 毛蕴诗. 2011. 产业链纵向交易的契约治理与关系治理的实证研究[J]. 学术研究, (3): 59-67.

袁增伟, 毕军, 王习元, 等. 2004. 生态工业园区生态系统理论及调控机制[J]. 生态学报, 24(11): 2501-2505.

曾声奎. 2011. 可靠性设计与分析[M]. 北京: 国防工业出版社.

曾佑新. 李强. 2015. 基于物联网的电子废弃物逆向物流系统优化[J]. 生态经济, 31(3): 112-117.

张峰, 刘枚莲. 2012. 基于博弈论的逆向物流回收模式的选择[J]. 物流技术, 31(6): 72-74.

张厚明. 2014-01-07. 灰色产业链形成电子垃圾围困中国[N]. 中国经济导报, B02.

张科静, 魏珊珊. 2008. 德国基于EPR的电子废弃物再生资源化体系对我国的启示[J]. 环境保护, (16): 76-79.

张力方. 2013. 基于系统动力学的城中村改造的三方演化博弈研究[D]. 广州: 暨南大学.

张利庠, 张喜才. 2010. 现代农业产业链治理:主体与功能[J]. 农业经济与管理, (1): 81-86.

张思敬, 王永平, 杨交交, 等. 2015. 生物冶金回收电子废弃物中贵金属研究进展[J]. 现代化工, 35(8): 41-45.

张小蒂, 曾可昕. 2012. 基于产业链治理的集群外部经济增进研究[J]. 中国工业经济, (10): 48-160.

张砚. 2014. 我国电子废弃物回收模式研究[D]. 上海: 华东政法大学.

周蕾, 许振明. 2012. 我国电子废弃物回收工艺研究进展[J]. 材料导报, 26(7): 155-160.

周泯非. 2011. 集群治理与集群学习间关系及共同演化研究[D]. 杭州: 浙江大学.

周三元, 赫利彦. 2013. 基于主成分分析的废旧家电回收影响因素研究[J]. 物流技术, 32(9): 151-167.

周绍东. 2011. 新国际分工体系中的产业链治理模式选择[J]. 财经科学, (1): 75-81.

周旭, 张斌, 王兆华. 2014. 企业履行废弃产品回收责任影响因素研究[J]. 北京理工大学学报(社会科学版), 16(2): 24-31.

周益辉, 曾毅夫, 刘先宁, 等. 2011. 电子废弃物的资源特点及机械再生处理技术[J]. 电焊机, 41(2): 22-26.

周颖. 2013. 基于激励策略的废弃电器电子产品回收逆向供应链研究[D]. 杭州: 浙江大学.

周永圣, 汪寿阳. 2010. 政府监控下的退役产品回收模式[J]. 系统工程理论与实践, 30(4): 6.

周志明, 王明月. 2003. 中国物流产业发展前景与政策建议[J]. 煤炭经济研究, (5): 29.

朱明敏. 2013. 贝叶斯网络结构学习与推理研究[D]. 西安: 西安电子科技大学.

邹松涛, 乌力吉图. 2009. 城市生活电子废弃物回收逆向物流研究[J]. 技术经济与管理研究, (4): 102-105.

Alpaslan C M, Green S E, Mitroff I I. 2009. Corporate governance in the context of crises: towards a stakeholder theory of crisis management[J]. Journal of Contingencies and Crisis management, 17(1): 38-49.

Arantxa R, Esther A. 2012. Optimizing the recycling process of electronic appliances [A]// Paulina G, Carlos A R. Environmental Issues in Supply Chain Management[C]. Berlin: Springer Berlin Heidelberg: 91-105.

Ayvaz B, Bolat B, Aydin N. 2015. Stochastic reverse logistics network design for waste of electrical and electronic equipment [J]. Resources, Conservation and Recycling, 104(B): 391-404.

Bientinesi M, Petarca L. 2009. Comparative environmental analysis of waste brominated plastic thermal treatments[J]. Waste Management, (29): 1095-1102.

Branco M C, Rodrigue L L. 2007. Positioning stakeholder theory within the debate on corporate social responsibility[J]. Electronic Journal of Business Ethics and Organization Studies, 12(1): 5-15.

Charkham J. 1992. Corporate governance: lessons from abroad[J]. European Business Journal, 4(2): 8-16.

Chen C H. 2011. The major components of corporate social responsibility[J]. Journal of Global Responsibility, 2(1): 85-99.

Chen H, Wang X. 2011. Corporate social responsibility and corporate financial performance in China: an empirical research from Chinese firms[J]. Corporate Governance, (4): 361-370.

Cohen D, Prusak L. 2001.Good Company: How Social Capital Makes Organizations Work[M]. Boston: Harvard Business School Press.

Dowlatshahi S. 2000. Developing a theory of reverse logistics[J]. Interfaces, 30(3): 143-155.

Dwivedy M, Mittal R K. 2013. Willingness of residents to participate in e-waste recycling in India[J]. Environmental Development, 6: 48-68.

Eisenhardt K M, Graebner M E. 2007. Theory building from cases: opportunities and challenges[J]. Academic of Management Journal, 50(1): 25-32.

Elabras L B V, Magrini A. 2009. Eco-industrial park development in Riode Janeiro, Braziha tool for sustainable development[J]. Journal of Cleaner Production, 17(7): 653-661.

Fernando A S, Jorge M. 2015. Cost assessment and benefits of using RFID in reverse logistics of waste electrical & electronic equipment (WEEE)[J]. Procedia Computer Science, 55: 688-697.

Freeman L C. 1979. Centrality in social networks: conceptual clarification[J]. Social Networks, (1): 215-239.

Freeman R E. 1984. Strategic Management: A Stakeholder Approach[M]. London: Cambridge University Press.

Gereffi G, Humphrey J, Sturgeon T. 2005. The governance of global value chains[J]. Review of International Political Economy, 12(1): 78-104.

Glen W S, Molly M. 2004. Coordinating efforts in virtual communities: examining network governance in open source[R]. New York: Proceedings of the Tenth Americas Conference on Information Systems.

Gui L, Atasu A, Ergun Ö, et al. 2013. Implementing extended producer responsibility legislation[J]. Journal of Industrial Ecology, 17(2): 262-276.

Hagelüken C, Corti C W. 2010. Recycling of gold from electronics: cost-effective use through "Design for Recycling" [J]. Gold Bulletin, 43(3): 209-220.

Hosoda E. 2007. International aspects of recycling of electrical and electronic equipment: material circulation in the East Asian region[J]. Journal of Material Cycles and Waste Management, (2): 140-150.

Humphrey J. 2003.Opportunities for SMEs in developing countries to upgrade in a global economy[R]. International Labour Organization, SEED Working Paper.

Jamali D. 2008. A stakeholder approach to corporate social responsibility: a fresh perspective into theory and practice[J]. Journal of Business Ethics, 82(1): 213-231.

Jean-Daniel M S, Oladele A O, Andrew A S. 2012. Willingness to engage in a pro-environmental behavior: an analysis of e-waste recycling based on a national survey of U.S. households[J]. Resource, Conservation and Recycling, (60): 49-63.

Jiang P, Harney M, Song Y, et al. 2012. Improving the end-of-life for electronic materials via sustainable recycling methods[J]. Procedia Environmental Sciences, (16): 485-490.

Jirang C, Erie F. 2003. Mechanical recycling of waste electric and electronic equipment: a review[J]. Journal of Hazardous Materials, (99): 243-263.

Joaquin B, Jordi P. 2006. Modeling the problem of locating collection areas for urban waste management: an application to the metropolitan area of Barcelona[J]. The international Journal of Management Science, (34): 617-629.

Jones C S, Borgatti P S. 1997. A general theory of network governance: exchange conditions and social mechanisms[J]. Academy of Management Review, 22(4): 911-945.

Jonsson C, Felix J, Sundelin A, et al. 2011. Sustainable production by integrating business models of manufacturing and recycling industries [A]// Jürgen H, Christoph H. Glocalized Solutions for Sustainability in Manufacturing[C]. Berlin: Springer Berlin Heidelberg: 201-206.

Kannan G, Pokharel S, Kumar P S. 2009.A hybrid approach using ISM and fuzzy TOPSIS for the selection of reverse-logistics provider[J].Resources, Conservation and Recycling, 54(8)28-36.

Krishna A, Uphoff N T. 2002.Mapping and Measuring Social Capital Through Assessments of Collective Action to Conserve and Develop Watersheds[M]. New York: Cambridge University Press: 85-124.

Lau K H, Wang Y. 2009. Revers logistics in the electronic industry of China: a case study[J]. Supply Chain Management: An International Journal, 14(6): 447-465.

Li R C, Tee T J C. 2012. A reverse logistics model for recovery options of e-waste considering the integration of the formal and informal waste sectors[J]. Procedia-Social and Behavioral Sciences, 40: 788-816.

Lin N. 2001. Social Capital: A Theory of Social Structure and Action[M]. Cambridge: Cambridge University Press.

Linton J. 1999. Electronic products at their end-of-life: options and obstacles[J]. Journal of Electronics Manufacturing, 9(1): 29-40.

Lu C, Zhang L, Zhong Y, et al. 2015. An overview of e-waste management in China[J]. Journal of Material Cycles & Waste Management, 17(1): 1-12.

Marshall C, Rossman C B. 2010. Designing Qualitative Research[M]. Thousand Oaks: Sage Publications.

Mitchell R K, Agle B R, Wood D J. 1997.Toward a theory of stakeholder identification and salience: defining the principle of who and what really counts[J]. The Academy of Management Review, 22(4): 853-886.

Murdoch J. 2000. Networks-a new paradigm of rural development[J].Journal of Rural Studies, 16(4): 407-419.

Nahapiet J, Ghoshal S. 1998. Social capital, intellectual capital and the organizational advantage[J]. Academy of Management Review, 23(2): 242-266.

Ni M, Xiao H, Chi Y, et al. 2012. Combustion and inorganic bromine emission of waste printed circuit boards in a high temperature furnace[J]. Waste Management, (32): 568-574.

Nnorom I C, Osibanjo O. 2008. Overview of electronic waste (e-waste) management practices and legislations and their poor applications in the developing countries[J]. Resources, Conservation and Recycling, (52): 843-858.

Paget E, Dimanche F, Mounet J P. 2010. A tourism innovation case: an actor-network approach[J].Annals of Tourism Research, 37 (3): 828-847.

Pajunen K. 2006. Stakeholder influences in organizational survival[J]. Journal of Management Studies, 43 (6): 1261-1288.

Park J, Sarkis J, Wu Z H. 2010. Creating integrated business and environmental value within the context of China's circular economy and ecological modernization[J]. Journal of Cleaner Production, 18 (15): 1494-1501.

Ravi V, Shankar R, Tiwari M K. 2008. Selection of a reverse logistics project for end-of-life computers: ANP and goal programing approach[J]. International Journal of Production Research, 46 (17): 4849-4870.

Roberts B H. 2004. The application of industrial ecology principles and planning guidelines for the development of eco-industrial parks: an Australian case study[J]. Journal of Cleaner Production, 12 (8/9/10): 997-1010.

Roberts K H, Oreilly C A. 1979. Some correlations of communication roles in organizations[J]. Academy of Management Journal, 22 (1): 42-57.

Sansa-Otim J, Lutaaya P, Kamya T, et al. 2013. Analysis of mobile phone e-waste management for developing countries: a case of uganda [A]// Karl J, Idris A R, Maurice T. E-Infrastructure and E-Services for Developing Countries[C]. Berlin: Springer Berlin Heidelberg: 174-183.

Savaskan R C, Bhattacharya S, Van Wassenhove L N. 2004. Closed-loop supply chain models with product remanufacturing [J]. Management Science, 50 (2): 239-252.

Spengler T, Ploog M. 2003.Integrated planning of acquisition, disassembly and bulk recycling: a case study on electronic scrap recovery[J]. OR Spectrum, (25): 413-442.

Spicer A J, Johnson M R. 2004. Third-party demanufacturing as a solution for extended producer responsibility [J]. Journal of Cleaner Production, 12 (1): 37-45.

Starr J, Nicolson C. 2015. Patterns in trash: factors driving municipal recycling in Massachusetts[J]. Resources, Conservation and Recycling, (99): 7-18.

Stefan M, Gudrun P K. 2012. Dynamic product acquisition in closed loop supply chains[J].International Journal of Production Research, 50 (11): 2836-2851.

Steve B. 2004. Reverse logistics moves forward [J]. Logistics Europe, (4): 14-15.

Sthiannopkao S. 2012. Managing E-Waste in Developed and Developing Countries[M]. Berlin: Springer Berlin Heidelberg.

Strauss A, Corbin J.1990. Basics of Qualitative Research: Grounded Theory Procedures and Techniques[M]. Newbury Park: Sage.

Syed S. 2012. Recovery of gold from secondary sources–a review[J]. Hydrometallurgy, (115): 30-51.

Tuncuk A, Stazi V, Akcil A, et al. 2012. Aqueous metal recovery techniques from e-scrap: hydrometallurgy in recycling[J]. Minerals Engineering, 25 (1): 28-37.

Wang Y, Ru Y, Veenstra A, et al. 2010. Recent developments in waste electrical and electronics equipment legislation in China[J]. The International Journal of Advanced Manufacturing Technology, 47(5/6/7/8): 437-448.

Wang Z, Zhang B, Yin J, et al. 2011. Willingness and behavior towards e-waste recycling for residents in Beijing city, China[J]. Journal of Cleaner Production, 19(9/10): 977-984.

Wheeler D, Maria S.1998. Including the stakeholders: the business case[J]. Long Range Planning, 31(2): 201-210.

Wu C G, Gerlaeh J H, Young C E. 2007. An empirical analysis of open source software developers motivations and continuance intentions[J]. Information & Management, 44(3): 253-262.

Xavier L H, Adenso-Díaz B. 2015. Decision models in e-waste management and policy: a review[A]//Guarnieri P. Decision Models in Engineering and Management[C]. Springer International Publishing: 271-291.

Yin R. 2002. Case Study Research: Design and Methods [M]. 3rd ed. Thousand Oaks: Sage Publication.

Zeng X, Li J, Stevels A L N, et al. 2013. Perspective of electronic waste management in China based on a legislation comparison between China and the EU[J]. Journal of Cleaner Production, (51): 80-87.

Zeng X, Zheng L, Xie H, et al. 2012. Current status and future perspective of waste printed circuit boards recycling[J]. Procedia Environmental Sciences, (16): 590-597.

Zhang S, Ding Y, Liu B, et al. 2015. Challenges in legislation, recycling system and technical system of waste electrical and electronic equipment in China[J]. Waste Management, (45): 361-373.

Zoeteman B C J, Krikke H R, Venselaar J.2010.Handling WEEE waste flows: on the effectiveness of producer responsibility in a globalizing world[J]. The International Journal of Advanced Manufacturing Technology, 47(5/6/7/8): 415-436.

后　记

　　科技发展的日新月异导致电子电器产品的更新速度越来越快，因而电器电子产品的报废数量也快速增长，这使得全球资源短缺、环境破坏严重的现状更加严峻。一些欧美的发达国家已经较早地展开了电子废弃物回收处理的理论研究，政府也研究制定了相关的法律法规条例等敦促供应链上的有关企业进行回收实践工作。这些国家已经形成的较为有效的回收处理机制促使电子废弃物得到了有效的回收处理。近年来，我国高度重视生态文明和环境保护，特别是对电子废弃物的回收处理和再利用等方面。在借鉴某些欧美发达国家的成功经验的基础上，通过规范立法、细化实施条例和积极开展回收试点实践以期望找到一些比较符合我国国情的电子废弃物的有效回收处理途径。但是受我国特殊的经济、技术和文化等因素影响，我国电子废弃物的回收处理发展比较缓慢。因此，有必要从产业链的角度，对我国电子废弃物回收处理的各个环节进行治理研究，为政府、制造商、处理商和回收商提供决策支持。

　　本书在借鉴众多学者研究成果的基础上，从产业链视角对电子废弃物回收治理进行定性和定量研究。全书主要包括电子废弃物回收治理影响因素、动态演化、治理方式、风险分析、治理模式和治理对策等几个部分，尽可能针对具有实践意义的一些问题建立相应的模型，以便将电子废弃物回收治理引向深入。

　　本书得到了国家自然科学基金项目(71263040)、江苏高校优势学科建设工程资助项目(PAPD)、上海电子废弃物资源化产学研合作开发中心开放基金(2014-A-04)的资助，在此表示感谢！

　　本书参考了国内外众多学者的研究成果，正是站在这些巨人的肩膀之上，本书才得以产生。同时，参与本书编写和讨论的还有研究生武柏宇、屠羽、鲁倩，以及本科生陈竣琨、吴诗琪、鲍康、张蒙等，他们在资料收集、文献整理、数据处理和文字校对等方面做了大量工作，可以说这本书是集体协作的产物，在此一并表示感谢。

　　由于学识和能力有限，书中可能存在不足与疏漏，敬请各位读者批评指正。

彭本红　谷晓芬
2016 年 11 月 15 日